Michel Rolland **Wein – Mein Leben** von Isabelle Bunisset

Michel Rolland

Wein Mein Leben

von Isabelle Bunisset

Tre Torri

Michel Rolland
le gourou du vin
© 2012 Éditions Glénat
Couvent Sainte-Cécile – 37 Rue Servan – 38000 Grenoble
www.glenatlivres.com
Alle Rechte für alle Länder vorbehalten.

Impressum
Deutsche Ausgabe

Wein. Mein Leben
Michel Rolland, Isabelle Bunisset

© 2014 Tre Torri Verlag GmbH, Wiesbaden
www.tretorri.de
Herausgeber: Ralf Frenzel

Aus dem Französischen von Antje Esk
im Auftrag von Kern AG, Augsburg
Gestaltung: Guido Bittner, Wiesbaden
Titelfoto: Johannes Grau, Hamburg für Fine Das Weinmagazin
Kartografie: Jochen Fischer, Aichach

Printed in Germany
ISBN: 978-3-944628-22-6

In Erinnerung an meinen Vater

Inhalt

„Der Himmel verleiht uns keine Tugenden oder Talente, ohne damit Schwächen zu verbinden; willkommene Sühnopfer für das Laster, die Dummheit, den Neid!"
Chateaubriand

Vorwort

Lange habe ich mich den Angeboten einiger Interessenten, meine Geschichte niederzuschreiben, verweigert. Es schien mir gewagt und vor allem zu früh. Mir fehlte der Abstand, den nur langjährige Übung und Reflexion mit sich bringen. Über mich wurden so viele Dinge gesagt. Viele Gerüchte und wenige Wahrheiten. Viel Polemik und wenig Anständiges, das Wesentliche wurde meist unterschlagen. Dennoch habe ich mich nicht damit abgefunden, ein faszinierendes Abenteuer für mich zu behalten, ein Abenteuer, das seinesgleichen sucht und wahrscheinlich nicht wiederholt werden kann. Es ist eine Frage der Umstände und möglicherweise sogar der Vorsehung.

Ich begann mit der Önologie, als noch nichts erfunden und erprobt war. Ich habe die bedeutenden Veränderungen im Weinbau und in der Weinbereitung in die Wege geleitet und begleitet. Ich bin bis ans Ende der Welt und an jeden Breitengrad gereist, um die Gewissheiten der Unsicheren zunichtezumachen. Ich habe Rebsorten verschnitten, die als nicht miteinander vereinbar galten. Ich habe vermeintlich unfruchtbare Böden entdeckt, auf denen heute stolze Rebstöcke wachsen. Ich habe einzigartige Menschen getroffen, deren Anliegen es war, in Ländern, die wahrscheinlich nicht zum Weinbau geeignet waren, charaktervolle Weine zu erzeugen. Begeisterung ist das Licht des Lebens. Ich betone immer wieder: Man kann nichts unternehmen, wenn man nicht die Lust in sich trägt und über seine Zeit hinausschauen kann.

Ich werde „Guru"[1] genannt … Möglicherweise bin ich einer, aber im Sinne eines Predigers, der sich sehr wohl davor hütet, orakelhafte Ratschläge zu erteilen. Nur Journalisten glauben, dass Önologen Zauberlehrlinge sind.

Zunächst liebte ich den Wein, weil ich ihn lieben musste. Als Winzersohn aus dem Libournais, der Gegend um Libourne, war ich dazu vorgesehen, den Familienbesitz zu übernehmen. Als ich die Universität verließ, hatte ich verstanden, dass Kenntnis der Gegend unerlässlich ist, um mit den Unwägbarkeiten umgehen zu können, die der Weinbau und die Weinbereitung mit sich bringen können. Ich wusste allerdings nicht, dass meine Ideen und Kreationen einige Jahrzehnte später derartig viele Kontroversen auslösen würden. Wie hätte ich mir ausmalen sollen, dass sich das Geschmacksurteil zu einem politischen Urteil verändern würde? Dass wir in einem System ständiger Prozesse leben würden? Das Problem der schwachsinnigen Ressentiments ist, dass man versucht, sich zu rechtfertigen, und dass aus diesen Rechtfertigungen neue Ressentiments erwachsen.

Zwischen den in der Regel blinden Angriffen und den dumpfen Lobreden ist ein Platz, der von der Feinheit eingenommen werden sollte. Hierbei soll nicht die Auseinandersetzung genährt, sondern gezeigt werden, dass hinter diesen Streitigkeiten Gründe stecken, die sich von denen unterscheiden, von denen uns eine neue Brut von „Konformisten" überzeugen möchte. Welch Haufen an Dummheiten ist doch dieses abgedroschene Gerede über die hochheilige Gegend, die poetischen Winzer, die Standardisierung der Weine! Diese Musterbeispiele der Tugend machen schlecht, ohne genaue Kenntnis zu besitzen, verurteilen, ohne sich Fragen zu stellen. Sie schaffen Clans und Schulen, sprechen sich gegen Weine „nach Art von" aus und erklären sich gern – und ganz aufopfernd selbstlos – zu Unbeugsamen, die sich gegen die Vereinheitlichung des Geschmacks wehren. Sehr schwammige Aussagen. Das ist einfach, leicht, wirksam. Aber, soweit man weiß, unbefriedigend. Warum sollte man bei Geschmack nach einem Ausschlusssystem funktionieren? Lasst uns doch, in Gottes Namen, diesen Freiraum bewahren. Lasst uns nicht nur alles schwarz oder weiß sehen, denn dieser Binarität fällt neben der feinen Differenzierung auch ein ganzes Stück Freude zum Opfer, sodass im schlimmsten Fall das Leben sinnlos an uns vorüberzieht. Wein ist einer der wenigen Bereiche, bei dem man nicht eine Sache ablehnen muss, nur weil man sich für eine andere entscheidet. Man kann grundverschiedene Dinge schätzen, ohne dass die moralische Integrität in Zweifel gezogen wird. Wer sollte die Macht haben, uns dies zu nehmen?

Es war höchste Zeit, diese sterilen Unterteilungen loszuwerden, die die Vorurteile festigen. Heute sage ich mir, dass die Öffentlichkeit meinen Beruf – Winzer, Berater und Assembleur – kennenlernen soll. Mit all seinen Herausforderungen, aufkommenden Zweifeln, klugen Leichtsinnigkeiten und auch seinem Staunen. Das kann Grund genug für ein Buch sein.

Bordeaux

Bordeaux – Links von der Gironde

1. Médoc
2. Haut-Médoc
3. Saint-Estèphe
4. Pauillac
5. Saint-Julien
6. Listrac-Médoc
7. Moulis-en-Médoc
8. Margaux
9. Pessac-Léognan
10. Graves
11. Cérons
12. Barsac
13. Sauternes

Bordeaux – Rechts von der Gironde

Gironde

MÉDOC

RIVE

Mirambeau

Pleine-Selve

Etauliers

Nordosten

① St-Savin

Blaye

Cavignac

② Bourg

Guîtres Coutras

St-André-de-Cubzac

Isle

Dordogne

③ ⑤ Lussac ⑨ ⑪ Osten

Fronsac ④ ⑥ Pomerol ⑩ St-Cibard

Libourne ⑦ St-Emilion ⑫

Carbon-Blanc

Beychac-et-Caillau ⑬ Castillon-la-Bataille

BORDEAUX Cenon ⑭ Dordogne

Laron ⑮ St-Jean-de-Blaignac

Latresne

Créon Pujols Gensac Ste-Foy-la-Grande

10 km

RIVE

D R O I T E

⑮

Langoiran ⑯ ⑲ Coirac ㉑ Targon Sauveterre-de-Guyenne ㉒

Cadillac ⑰ Monségur

Loupiac ⑱ ⑳

Ste-Croix-du-Mont La Réole

Langon Südosten

GAUCHE

Garonne

KAPITEL I

Die familiäre Landschaft

„Kindheit ist vor allem geografisch."

Was bleibt von meiner Kindheit? Süße Stunden auf einer Steinbank vor dem Haus meiner Großeltern, Le Bon Pasteur. Und all die anderen Momente, in denen ich die Wege in der Umgebung erkundete. Als kleiner Junge in kurzen Hosen im Frankreich der 1950er-Jahre träumte ich davon, den Spuren von James Dean zu folgen, konnte allerdings nur die Spuren der Traktoren sehen … Pomerol mit seinen sanften Hügeln war bereits von Weinbergen bedeckt. Sie gingen hübsch ineinander über. Nur die Häuser schienen in dieser trägen Gegend verloren. Die Zeit schien stillzustehen. Seit damals werden die Besitztümer hochtrabend „Châteaus" genannt, obwohl gar kein Schloss darauf steht. Nur das Château de Sales war wegen seiner Architektur und der Größe des Weinbaubetriebs anders. Es gehörte der Adelsfamilie Lambert des Granges, die damals im Weinbau und Weinhandel tätig war.

Zu jener Zeit unterschied man im Wesentlichen drei Winzerklassen: den Adel, wie die Bailliencourt in Gazin, dann das lange etablierte Bürgertum des Libournais, zu dem einem Madame Loubat in Pétrus, die Thienpont (Vieux Château Certan), die Nicolas (La Conseillante) und die Ducasse (L'Évangile) einfallen, und schließlich die besitzenden Bauern in Pomerol, die in ihren Weinbergen arbeiteten (die Größe ihrer Ländereien betrug viereinhalb bis sieben Hektar).

Mein Großvater mütterlicherseits, Joseph Dupuy, war einer von ihnen. Ein großer, kräftiger und freundlicher Kerl. Er leitete ein Unternehmen für landwirtschaftliche Arbeiten. In den 1920er-Jahren und bis zum Zweiten Weltkrieg hatte er keine Maschinen, er musste den Boden von Hand für die Pflanzen vorbereiten und im Sommer pflegte er den Weinberg, indem er die Reihen abging. Die Geräte für die Bearbeitung des Weinbergs wurden auf dem Rücken getragen. Die Eltern von Joseph Dupuy waren Halbpächter vom Château Gazin. Meine Urgroßmutter beschäftigte sich mit den „kleinen Arbeiten": Befestigen der Triebe, Beschneiden der zu langen Triebe und Entfernen ungewollter Triebe. Ländliche Szenen, die sich von Generation zu Generation wiederholten. Mein Urgroßvater war für die „großen Arbeiten" zuständig: Schnitt, Pflügen, Pflege des Bodens, Behandlungen mit Bordeauxbrühe, einer Mischung aus Kupfer und Kalk, der Schwefel zugesetzt wurde. Man dachte noch nicht „nachhaltig", aber man wollte sich nicht vergiften! Die einfachen Gemüter waren davon überzeugt, dass man sich mit Kupfer nicht vergiften kann … Der Horizont endete in Maillet, einem Nachbarort von Saint-Émilion. Man reiste nur von einem Dorf ins nächste. Das Médoc war eine ferne Gegend. Bordeaux ein Ausflug.

Wie so viele andere zu jener Zeit stand mein Großvater mit der Sonne auf und ging mit ihr zu Bett. Er arbeitete 15 Stunden pro Tag. Er kannte weder Ruhepausen noch Urlaub und wiederholte gern: „Ruhestand hat man auf dem Friedhof." Er beobachtete das Gras beim Wachsen, redete mit den Vögeln. Ich erinnere mich auch an seine lustigen Geschichten, die er so gern erzählte. Ernst grenzte für ihn an Unhöflichkeit. Nie Beschwerden oder nostalgische Rührung. Er liebte das Lachen und er liebte das Essen. Keine Ausbildung. Er hatte die Schule mit zwölf Jahren verlassen, entzog sich ihr, wie er sich einige Jahre später dem Kugelhagel entzog. Als Fahrer eines Pariser Generals ging er 1914 nicht an die Front. Wahrscheinlich wusste er, dass er sonst wohl nicht mehr wiederkommen würde!

Er beobachtete jede Furche im Boden, die launischen Temperaturschwankungen, die Weinblüten und diese kleinen Tode namens Ernte. Ein empfindsam gelebtes Leben. Er beobachtete die Wolken, schaute nach oben und sagte das Wetter voraus. Er irrte sich nicht oft, mein Großvater. Wer sich in die Natur einfühlen kann, mit dem verbündet sie sich. Wein war sein ständiger Gefährte. Das Bild dieses echten Landbewohners ist in meinem Gedächtnis nach wie vor unversehrt. Wie seine freien und heiteren Worte. Er hatte schon vor langem beschlossen, glücklich zu sein.

Er heiratete jedoch nicht aus Liebe. In diesem einfachen, bescheidenen und sparsamen Umfeld war kein Platz für Gefühle. Romantische Geschichten fanden in Büchern statt. Er heiratete Hermine Fonsauvage aus Néac (der Nachbargemeinde), eine schöne, gebildete und intelligente Frau sowie hervorragende Schneiderin und Köchin, die aber kaum für das Glück geeignet war, weder für ihres noch für das der anderen. Sie konnte mit den Menschen in ihrer Umgebung nur grob umgehen und bei ihnen Schuldgefühle wecken. Bitterkeit trat bei ihr üblicherweise an die Stelle von Verständnis. Die Bosheit war mit ihr.

In demselben Zweig der Familie gab es Cousine Annette, die in Montpon, einem kleinen Dorf in der Dordogne, wohnte. Sie hatte ein Hotel mit Bar- und Restaurantbetrieb, in dem die „Handelsreisenden", wie man sie damals nannte, wohnten. Man musste mich und meinen Bruder nicht lange bitten, sie zu besuchen. In unseren Augen hatte Annette zwei wesentliche Reize: Sie ließ uns *Sauterelles* (*Grashüpfer*) trinken, einen explosiven Cocktail mit Get 27 (einem Pfefferminzlikör), und sie brachte uns zum Lachen. Ihr Aussehen, ihr Klang und ihre Ausdrucksweise waren unvergesslich, in einer Zeit, als alles unter dichter Scheinheiligkeit verfaulte. Ihre Augen hatten ein außergewöhnliches Feuer und sie war von bissigem Frohsinn. Wir kosteten gern von ihrem Sarkasmus. Sie hatte die gesamte Menschheit hinter ihrem Tresen vorbeigehen sehen. Sie machte sich lieber darüber lustig. Ihrem scharfen Blick entgingen keine Schwächen und noch so kleinen Missgeschicke ihrer Kunden. Dann fasste sie ihre Beobachtungen beißend verkürzt zusammen. Diese elegante Frau wusste sehr wohl, dass ihre gewagten Anekdoten schockierten. Sie sagte oft zu uns, als müsste sie sich selbst davon überzeugen: „Man muss das Leben herausfordern!" Als sie einen Trinker, rot wie den Sonnenuntergang, zur Flasche greifen sah, flüsterte sie mir ins Ohr: „Noch einer, der sich seine Farbe im Spirituosenlager geholt hat." Mein Bruder und ich verbrachten viel Zeit mit der Beobachtung dieser merkwürdigen Kundschaft: die Gehetzten, die Verlorenen, die Redseligen. Manche vertranken all ihr Geld. Beim Anblick unserer verdrossenen Gesichter erklärte Annette mit einem Grinsen auf den Lippen: „Was habt ihr denn? Die einen atmen, die anderen bechern."

Meine Großeltern väterlicherseits waren Winzer und Bäcker. Menschen mit gutem Willen. André Rolland, Inhaber einer Bäckerei, beschränkte sich auf administrative und politische Tätigkeiten. Er ist nie auf einen Traktor oder ein Podest gestiegen! Stets mit Hut, gestärktem weißen Kragen und Lackschuhen. So sah er verdammt gut aus! Er liebte Literatur und begeisterte sich für die großen Redner. Sein Vordenker hieß Jaurès. Er träumte davon, seinen Spuren zu folgen. Über seinen Stift gebeugt schrieb er schöne Reden, die niemand je gelesen hat. Er war radikaler Sozialist. Was ihn jedoch nicht daran hinderte, in einem Flügel des Château de Francs zu wohnen, einem wunderschönen Haus, das er mit einer Aristokratenfamilie teilte. Er begnügte sich, höfliche Beziehungen zu den lokalen Größen und seinen Angestellten zu pflegen. Die große Aufgabe von André Rolland bestand darin, die Francs-Genossenschaftskellerei (Bordeaux und Bordeaux supérieur), eine der ersten in der Gironde, aufzubauen. Und seine beste Eigenschaft: die Komik. Ich glaube, dass er schließlich die Menschen den Ideen vorzog.

Er hatte vier Kinder, um die sich die selbstlose Marie kümmerte. Mein Vater, Serge, war der älteste Junge und sollte das Weingut, das in der Region Francs lag, übernehmen. Einige Jahre später traf er auf einem Ball meine Mutter, Geneviève Dupuy, die nicht lange brauchte, um ihn davon zu überzeugen, zu ihr nach Pomerol zu ziehen. Eine Entscheidung, die jeglicher wirtschaftlicher Logik entbehrte, da sich die vollmundigen Weine aus Francs besser verkauften als die aus Pomerol! Die gefühlvollen Argumente meiner Mutter trafen jedoch nur kurz auf Widerstand. Sie heirateten 1942 im Château Le Bon Pasteur, das noch heute Sitz der Familie ist.

Geblieben ist diese kleine Steinbank, einer dieser Überreste, der die Zeit vergessen lässt. Bei der Restaurierung im Jahr 2000 bestand ich darauf, dass sie erhalten bleibt.

Vier Jahre nach meinem Bruder Jean-Daniel, der heute Anwalt für Zivilrecht ist, kam ich am 24. Dezember 1947 in der Klinik des Libournais zur Welt. Mein Vater und meine Mutter erwarteten eine Tochter, sie hatten sogar schon einen Namen ausgesucht: Marie-Noëlle. In Anbetracht der Tatsachen mussten sie jedoch darauf verzichten. Ich wurde dann auf den Namen Noël-Michel Rolland getauft. Ich hatte Glück: Ich wurde geliebt, ein unglaublicher Vorteil im Leben. Von meinen Vorfahren erbte ich eine bäuerliche Vernunft, einen starken Nacken und ein klar tönendes Lachen. Meine Eltern hatten nur einen Wunsch: mich und meinen Bruder bestmöglich zu erziehen. Mein Bruder ging eine Zeit lang auf die renommierte Jesuitenschule Saint-Joseph de Sarlat in der Dordogne. Der Frost von 1956 verringerte allerdings die Einkünfte meiner Eltern erheblich und so mussten sie sich damit abfinden, ihn auf eine andere Schule zu schicken. Die Montesquieu in Libourne wurde seine Grundschule, dann das Collège, das man damals noch nicht *Lycée* nannte.

Wenngleich Geneviève, meine Mutter, keine Messe verpasste und jeden Tag für das Jenseits betete, so stellte sie dennoch sehr nett unseren Alltag auf Erden sicher. Als Hausfrau kümmerte sie sich um das Haus und vor allem unser leibliches Wohl. Ihre reichhaltige und schmackhafte Küche war unser Glück. Ein genährtes, regelmäßiges, stabiles Glück. Damals musste man den Teller leer essen und sich nachnehmen. Man hatte Angst vor Mangel. Der Krieg hatte Eindruck hinterlassen. Sah man ein schmächtiges Kind, dachte man, es sei krank. Warum hat man sich nie um meine Gesundheit gesorgt?

Geneviève war eine sehr aufmerksame Mutter, voller Liebe für ihre beiden Lausbuben, die zwar keine Monster waren, ihr aber viele Sorgen und schlaflose Nächte bereiteten. Vor allem, als wir bei einbrechender Dunkelheit den Citroën Ami 6 nahmen, um uns mit unseren Freunden zu treffen. In den Bars hörten wir in Dauerschleife die Beatles, Ray Charles und Aretha Franklin. Unsere 20-Centimes-Münzen verschwanden in der Juke-Box von L'Orient in Libourne. Wir rauchten Zigaretten und warteten darauf, dass die Nachtclubs aufmachten: La Grille d'égout in Bordeaux oder Le Takouk in Saint-Christophe-des-Bardes. Mit seltener Gewissenhaftigkeit besuchten wir schicke Orte mit exotischen Namen. Wir waren Snobs, ohne es zu wissen.

Mein Vater lieh uns seinen Peugeot 404 nur an Feiertagen. Die ausgelassene Stimmung ließ unsere Mutter wahrscheinlich vergessen, dass wir ein Stück Blech verbogen hatten. Im Morgengrauen harkte meine Mutter hektisch den Kiesweg, um ihre Nerven zu beruhigen, selbst wenn dort kein Unkraut war. Wenn wir, wachsbleich, frühmorgens nach Hause kamen, murmelten wir: „Eine Dusche und wir gehen zur Messe." Tat sie so, als ob sie uns glaubte? Jetzt ist sie 93 Jahre alt. Sie scheint sich nicht mehr vor dem Altern zu fürchten, auch wenn ihre Beine schmerzen. Sie hat sich einige Eitelkeiten, altmodische Verhaltensweisen des alten Frankreich, ein jugendliches Herz und die Erinnerung an meinen Vater bewahrt. Zu Hause in Libourne kocht und backt sie zwischen zwei Partien Scrabble am Computer. Ihre Urenkel, Camille und die Zwillinge Arthur und Théo, lieben besonders ihren *Petit Brun* genannten Kuchen. Ich auch. Kochen oder lieben ist, im Grunde genommen, dasselbe.

Auch mein Vater Serge war ein naturverbundener Mensch. Da mein Großvater ihn auf dem Weingut benötigte, musste er die Schule nach der zehnten Klasse verlassen. Dass er seine Ausbildung nicht fortsetzen konnte, hat er sein ganzes Leben bedauert. Ich überredete ihn später, montagvormittags einen Kurs von Professor Émile Peynaud zu besuchen[2]. Zunächst hatte er Vorbehalte – „Universität, in meinem Alter!" –, dann war er begeistert. Er sagte oft: „Wissen ist das Salz des Lebens. Wer Wissen hat, dem mangelt es an nichts." Bildung war ihm genauso wichtig wie sein Weinberg. Er hatte den bescheidenen Traum, dass wir „vielseitige" Grundschullehrer würden, die unter der Woche unterrichten und an Donnerstagen (die in Frankreich damals schulfrei waren) und Sonntagen im Weinberg arbeiten. Beamter zu werden hieß bereits, sich für die Sicherheit zu entscheiden. Kriege waren noch immer eine Bedrohung. Nur die Orte hatten sich geändert: Indochina, Algerien. Mein Bruder und ich sind dem entkommen. Als wir zur Armee gingen, endeten die Feindseligkeiten. Die Zurückstellung vom Wehrdienst hatte uns gerettet.

Serge Rolland war ein unerschütterlicher und redlicher Arbeiter. Er war immer nett zu seinen Angestellten, war stets hilfsbereit und lehnte es ab, autoritär zu sein. Anforderungen stellte er nur an sich selbst. Ich sehe ihn noch, wie er sich in unseren alten Weinkellern abmühte, die dunkel und unmöglich instand zu halten waren. Obwohl er die Arbeiten draußen mit Abstand vorzog, kümmerte er sich pedantisch genau um den Wein. Er beteiligte sich auch gern an organisatorischen Tätigkeiten. Er nahm auf allen Ebenen daran teil, in der Gemeindeverwaltung Pomerol, in den Versorgungsgenossenschaften und auch in der Gewerkschaft. Ein pflichtbewusster Mensch. Einer, der uns fehlt.

Er starb infolge eines irreversiblen Komas. Eine einfache Operation am Knie. Allergischer Schock. 13 Monate Warten. Ich war wütend auf Gott, weil er es nicht verdiente. Wir sprachen mit ihm, wir hielten seine Hand, wir wollten nicht, dass er geht. Die Mutter eines befreundeten Arztes war schließlich auch nach sechs Monaten wieder aufgewacht! Warum nicht er? Am Ende wurde er ganz klein auf seinem Krankenhausbett, so wenig Fleisch hatte er noch am Körper. In seinem Zimmer lauerten wir auf jedes noch so kleine Zeichen. Wir konnten nicht aufhören zu hoffen. Selbst so ausgemergelt war es doch immer noch er. Am 21. August 1979 dann der Abpfiff. Wir würden ihn nicht wiedersehen. Dieses Mal war es sicher. Wenngleich wir diese Gewissheit nicht wollten.

Was soll ich zu meiner Schulzeit sagen? Sie war normal und war es doch nicht. Grundschule in einer freien katholischen Schule in Néac, Mittelschule in Libourne, landwirtschaftliche Oberschule (*Lycée agricole de L'Oisellerie*) in Angoulême und Weinbauschule (*École de Viticulture et d'Œnologie de la Tour Blanche*) in Sauternes. In der Nachkriegszeit auf dem Land ging der Ältere an die Universität und der Jüngere übernahm den Hof. Diesem klassischen Muster entsprechend hätte ich mit dem Schulabgangszeugnis aufhören müssen.

Ich hatte wohl eine Vorahnung, denn ich setzte alles daran, wenn schon nicht Klassenletzter, doch zumindest ein mittelmäßiger Schüler zu bleiben. Ich förderte mein Talent nicht. In jenem Alter hat man nur so viel Biss wie irgend nötig! Nie Preise oder Urkunden bei Wettbewerben. Ich mochte den Geruch von Fenchel auf dem Weg lieber als den von Kreide. Aufgrund der fehlenden öffentlichen Verkehrsmittel musste ich von Pomerol nach Libourne ziehen. Ich war gerade zehn Jahre alt geworden. Dieser Abschied war für meine Eltern noch schmerzlicher. Ich entdeckte dann die

Stadt, die große, vor allem Flipper und Tischfußball im Café an der Ecke, dem Le Valois. Dort traf man keine Intellektuellen, sondern Spötter, die mit den Säufergesichtern, die lieber Karten und Billard spielten, als sich um ihre Familien zu kümmern. Ich hatte keine Skrupel, das Klassenzimmer zu verlassen, um mich mit meinen Freunden zu treffen. Der Tag, an dem sich meine Mutter des Tricks gewahr wurde, kassierte ich eine Tracht Prügel. Sicher, ich hatte ein neues Zuhause, den Boulevard Beauséjour, aber ich sehnte mich nach dem Land, den Feldern, den Weinbergen. Und vor allem nach meinen Fußballspielen. Das bekümmerte mich damals.

Der Kummer verschwand schnell, wenn ich mit dem Pfarrer von Pomerol, Pater Capdequi, sprach, der aus Béarn stammte und 1955 nach Néac kam. Ich war damals acht Jahre alt. Er verließ häufig das Pfarramt und besuchte uns. Er konnte auch seine klerikale Ausdrucksweise ablegen, um einige witzige Bemerkungen zu machen. Glaube und Humor sind nicht unvereinbar, habe ich durch ihn gelernt. Er war, wie man so sagt, ein Freund der Familie. Mein Vater hatte ihm in einem Simca Aronde das Fahren beigebracht und meine Mutter bekochte ihn, und zwar nicht nur mit Häppchen: Würstchen mit Linsen, Hühnchen mit Reis, gepökelter Schweinebauch. Alles in allem also richtiges Essen. An Karfreitag, dem letzten Tag der Fastenzeit, tat er sich an *Brandade de morue*, einem Gericht aus Stockfisch, Knoblauch, Olivenöl und Sahne, gütlich, und das mit einer solchen Lust, dass sie einer Sünde glich. Er liebte Wein, wahrscheinlich sogar mehr als das Weihwasser. Wie schrieb Léon Bloy? „Ist der Wein rein, sieht man Gott." Bei jedem Besuch hatte er einen guten Tropfen dabei. Die Besitzer der Weingüter waren ihm gegenüber großzügig, sodass er den schönsten Weinkeller in der Gemeinde hatte. Er besaß viele Pomerol-Weine von 1947, meinem Geburtsjahr, ein großer Jahrgang mit weichen Tanninen. Er wartete, bis ich volljährig war, dann erst ließ er mich diese alten Weine trinken. Wahrscheinlich eine meiner besten Erinnerungen an eine Weinverkostung. Der Zauber des ersten Mals! Das erste Kribbeln im Bauch, die erste Liebe, die erste dumme Pute … Lasst uns darin bloß keine Verbindung sehen!

Pater Capdequi hatte große Ahnung von seinem „Beruf". Er wusste auch um seine Machtlosigkeit. Jahrelang hatte er die menschliche Natur beobachtet. Er war mein geistlicher Vater – der Ausdruck könnte nicht besser gewählt sein –, bevor er auch mein Beichtvater wurde. Er hat mich so viel gelehrt was Verhaltensanalyse, Erziehung und Toleranz betrifft! Die Art von Mensch, die einen besser macht oder zumindest Lust darauf macht, besser zu sein. Ich sprach mit ihm oft über meine Großmutter, ihre Heimtücke, ihre ständigen Eifersüchteleien und Familienkonflikte, die auch nicht vor Gericht entschieden werden konnten. Das Schweigen des Himmels war mein Ding nicht. Ich hielt ihn daher an, mir zu antworten: Wie kann man ein Leben führen, das nicht von Kämpfen, sondern von Begeisterung bestimmt wird? Er sagte mir, dass es schönere Dinge gibt als jene, die ich tagtäglich sehe. Hatte er möglicherweise dieselben Probleme wie ich? Als ich über die allgemeine Scheinheiligkeit klagte, riet er mir, mit kühlem Kopf nachzudenken. Im Grunde wollte er mich schonen.

Als mein Bruder und ich volljährig waren, begleiteten wir diesen „Gefährten des Absoluten" drei Mal nach Italien. Als wir in seinen Simca Aronde stiegen, der so schwarz wie seine Soutane war, hob er die Arme zum Himmel und sprach mit der Sicherheit eines Kardinals: „Ich lege mich in die Hände der göttlichen Vorsehung!" Das beruhigte uns dennoch nicht. Dieser ergebene Diener liebte Kunst und sprach fließend Italienisch. Seine Stars waren der Duc de Saint-Simon und vor allem Michelangelo. Da war er nicht zu bremsen: die Decke der Sixtinischen Kapelle, die Uffizien, die Apollo-Statue in Florenz, deren „Schönheit einem die Sprache verschlägt", aber auch die Pietà im Petersdom in Rom. All diese brennenden Kerzen! Die Agonie Christi … Wir gingen vom Licht ins Halbdunkel und vom Sommer in die Ewigkeit und betrachteten in den Kirchen die gewölbten Kirchenschiffe, die Säulen, die Bögen, die geschnitzten Bänke. All diese in Stein gemeißelten Körper, diese spindelförmigen Beine, diese harten Bäuche, diese sehnigen Muskeln. Als wir in unsere bescheidenen Unterkünfte zurückkehrten, suchte ich den Spiegel. Sofort entdeckte ich an mir alle möglichen Unregelmäßigkeiten. Dann nahm ich olympische Posen ein und blies meinen kräftigen Oberkörper auf. Ich war nicht überzeugt, mein Bruder ebenfalls nicht. Er sah aus wie das Leiden Christi und konnte mich nicht vom Gegenteil überzeugen. Am Schluss lachten wir stets darüber. Nichtsdestotrotz waren wir gläubig und dienten jeden Morgen in der Messe.

Pater Capdequi war auch bei allen Familienfeiern anwesend. Lange hat er dieselbe außergewöhnliche und großzügige Spontaneität bewahrt. Er ist einer dieser sehr seltenen Menschen, die einen dazu bringen, die einfachsten und wahrsten Aspekte des Lebens zu lieben. Von meiner Jugend bis ins Erwachsenenalter habe ich ihn oft um Rat gefragt. Ich weiß nicht, ob seine Urteile vom Himmel fielen, aber sie kamen stets von sehr weit oben. Seine richtigen Worte, seine Betrachtungen trage ich sorgsam in mir. Heute ist er Pensionär, der das Altersheim in Gradignan Leid ist.

Als Heranwachsender in den 1960er-Jahren verließ ich nie das Pomerol, nicht einmal in den Sommerferien. Wir hatten kein Ferienhaus. Es gab nicht viele Möglichkeiten des Zeitvertreibs. Natürlich hatten wir einen Fernseher, der uns alle faszinierte. Das Programm begann um 19 Uhr mit *Laurel und Hardy* oder *Histoires sans paroles* (Stummfilm-Cartoons), dann kamen die Nachrichten, präsentiert von Pierre Sabbagh oder Pierre Desgraupes. Dieser kleine Bildschirm stellte unser Leben auf den Kopf: Die ganze Welt rückte näher. Und die Nachbarn auch! Mittwochabends kamen sie immer zu uns, um die Zirkussendung *La Piste aux étoiles* (*Der Weg zu den Sternen*) von Maritie und Gilbert Carpentier zu sehen. Mein Bruder und ich saßen aber keinesfalls stundenlang vor dem Fernseher: Es gab keine anderen Sendungen. Meine gesamte Freizeit verbrachte ich mit meinem Vater im Weinberg und im Weinkeller. Die auf dem Traktor verbrachten Jahre weckten meine Lust, mehr zu erfahren. Dort habe ich gelernt, was ich weiß.

Ich habe mich nie gefragt, ob ich Wein zu meinem Beruf machen sollte. Meine Eltern und meine Großeltern übrigens auch nicht. Jeden Tag sah ich meinen Vater im Weinberg und im Weinkeller arbeiten. Ich wusste, dass bald ich an der Reihe sein würde. Angesichts meiner schwachen Leistungen in der Schule sagte ein scharfsinniger Lehrer mehr als einmal, dass eine handwerkliche Ausbildung vernünftiger wäre: „Dann hat er wenigstens was!" Glücklicherweise brauchte mein Vater meine Dienste nicht und ließ mich einen praktischeren Weg fortsetzen: von der Mittelschule auf die landwirtschaftliche Oberschule (bei der man kein Abitur machen konnte, das zum Universitätsstudium berechtigt hätte), dann von der Oberschule auf die Weinbauschule *La Tour Blanche*[3]. Dieses kleine Haus wirkte verloren im Weinberg. Internatsschüler, die sich dem Ende ihrer schulischen Laufbahn näherten, festigten dort ihr Wissen zum Weinbau. Ich erinnere mich an den ersten Schultag im September 1966: Als sich der übernatürliche Nebel des Flusses Ciron endlich verflüchtigt hatte, bedeckte goldenes Licht die Hügel. Ich sehe auch noch unsere Versammlung linkischer Jungen, fünf aus derselben landwirtschaftlichen Oberschule *L'Oisellerie*, vier machten ihren Abschluss als Önologe. In dieser Ulysse-Gayon-Stiftung teilten wir dieselbe Enttäuschung: Nur ein Mädchen wurde als Externe zugelassen. Zwar stellte das Gebäude moderne Schlichtheit dar, die Weinkeller jedoch waren traditionell.

Für mich ist La Tour Blanche für immer mit der Persönlichkeit des Rektors Jean-Pierre Navarre verbunden. Einer dieser großen Schwadroneure: Die Wörter sprudelten aus ihm heraus, weil er zu viel Herz hatte. Er, der dynamische Visionär ohne Wenn und Aber, hatte diese geniale Idee – noch bevor das französische Technikerdiplom *Brevet de technicien supérieur* eingeführt wurde –, die vielversprechendsten Schüler zur Universität für Önologie in Bordeaux zu schicken. Ohne seinen Unterricht wäre mein Leben anders verlaufen. Ich war noch keine 20 Jahre alt, hatte aber bereits verstanden, dass Bildung noch so gezielt sein kann, jedoch machtlos ist, wenn man nicht versteht. In La Tour Blanche wurde praktischer Unterricht vermittelt, die Lehrer waren nicht mit denen vom *Collège de France* (einer öffentlichen französischen Hochschule) zu vergleichen, diesen „Besserwissern mit blasser Tinte"[4], die von ihren Lehrstühlen herab maßregelten. Die Schüler beschwerten sich nicht darüber, ganz im Gegenteil. Eine ganze Schar aufrichtiger Lehrer aus der Gascogne, die mit beiden Beinen im Leben standen und dieselben Werte vermittelten. Eine Inbrunst, die man nicht vergisst.

Im Mai 1968 traf ich an der Universität Bordeaux jene, die später meine Frau und die Mutter meiner beiden Töchter werden sollte, Dany Bleynie aus dem Périgord. Sie studierte Medizin im ersten Jahr, konnte ihre Prüfung jedoch wegen der Ereignisse, die das Land erschütterten, nicht ablegen. Da sie nicht untätig sein wollte, besuchte sie Önologiekurse und wurde Beste des Abschlussjahrgangs 1970. Ich hingegen war überzeugt, dass es nicht an der Zeit war, sich von der Masse abzuheben.

Immer „schön den Ball flach halten". Im Juli 1970, einige Zeit nach unserer Hochzeit, zogen wir ins Languedoc, das Institut für Önologie bot Praktika an. Meine Frau arbeitete auf dem Feld des Château Cicéron im Eigentum des berühmten Pariser Weinhändlers Nicolas, und ich beim Weinverband *Conseil interprofessionnel* der Appellationen Fitou, Corbières und Minervois. Das Thema meiner Abschlussarbeit: „Bewässerungsversuche an Weinbergen". Mit dieser Technik wollte man die größtmögliche Produktion und eine Steigerung der Zuckermenge pro Hektar erreichen. Diese Methode ruinierte die Qualität der Weine erheblich. Kleine Ironie des Lebens: Ich studierte, was ich stets bekämpfte: die Mittelmäßigkeit. Man kaufte Wein damals nach Volumenprozent: Je mehr Alkohol er hatte, umso teurer verkaufte man ihn. Häresie.

Nach meinem dreijährigen Studium fühlte ich mich unwissend. Vierzig Jahre später kann ich ermessen, dass ich noch unwissender war, als ich dachte. Auch wenn heute das Unterrichtsniveau deutlich höher ist, so lässt sich doch noch dasselbe feststellen: Derjenige, der davon überzeugt ist, etwas zu wissen, muss an der Universität bleiben! Der Ire George Bernard Shaw hatte nicht Unrecht, als er schrieb: „Wer kann, tut. Wer nicht kann, lehrt."[5] In der Natur haben wir es ununterbrochen mit Fällen zu tun, die in den Hörsälen nie gelehrt wurden. Verstehen – so war mein Bauchgefühl – war bewerten, überprüfen, vorhersehen, alles diagnostizieren. Ich wollte alle Weinfehler verstehen. Selbstverständlich hatten einige große Persönlichkeiten die Önologie vorangebracht, die vor kurzem dank Jean Ribéreau-Gayon und Émile Peynaud in den Stand einer bedeutenden Wissenschaft gehoben wurde. Es muss Pasteur, und nicht Chaptal[6], zugeschrieben werden, alles zur Mikrobiologie des Weines erfunden zu haben, als er zwei Gärungen nachwies: die Gärung durch Hefen (Umwandlung von Zucker in Alkohol) und die Gärung durch Bakterien (bei der man später erfahren wird, dass hierbei Apfelsäure in Milchsäure umgewandelt wird). Es war der Beweis erbracht, dass sie nicht spontan entsteht. Manche dieser für die Weinbereitung notwendigen Mikroorganismen konnten Unregelmäßigkeiten verursachen, die so schöne Namen wie *graisse* (Fett) oder *tourne* (Drehung) tragen.

Nach unseren problemlos verlaufenen Praktika kehrten wir nach Bordeaux zurück. Meine Frau fand Arbeit bei Cordier und ich bei den Établissements Niaud in Cézac. Ich war der Önologe in diesem großen Haus, in dem hauptsächlich Weißweine von minderer Qualität hergestellt wurden. Ich nahm Analysen vor, probierte neue Techniken aus. Damals behandelte man üblicherweise mit Kaliumhexacyanoferrat, um den schwarzen bzw. weißen Bruch[7] zu verhindern, der den Wein trüb macht. Diese Behandlung musste unbedingt von einem Önologen durchgeführt werden. Dieser Beruf wurde damals jedoch nicht hoch angesehen. Wir waren die armen Kinder an der Universität. Ich spürte oft den herablassenden, um nicht zu sagen verachtenden Blick der Kommilitonen, die überheblich erklärten: „Also, ich studiere Me-di-zin." Schließlich war der Önologe derjenige, der es nicht geschafft hatte, der zur Wiederholung immer derselben Handgriffe verurteilt war. Damals gab ich mir das Versprechen, beruflich mehr zu erreichen. Unsere teuersten Fehler sind der Unbeweglichkeit geschuldet. „Jede Generation sieht zweifellos ihre Aufgabe darin, die Welt neu zu erbauen."[8] Mein Anliegen war es, die Welt der Önologie zu verändern. Ich sagte mir immer wieder, dass dies möglich sein müsste.

Zu jener Zeit interessierte sich die Universität nur für die großen Châteaus, für einige legendäre Namen. Die anerkannten Professoren besuchten oft Châteaus wie Margaux oder Lafite, aber nie die kleinen Gegenden. Die nicht so berühmten Weingüter wurden ignoriert. Der erste, der einigen bescheideneren Lagen zu höherem Ansehen verhalf, war Pascal Ribéreau-Gayon. Ich erinnere mich noch gut an seine Verärgerung: „Wir machen derart große Weine, dummerweise aber immer nur bei den anderen!" Er beeindruckte mich nicht mit seinen akademischen Lorbeeren, sondern weil das Wissen in seinem Mund die Strenge verlor und endlich lebendig wurde. Kein bisschen überheblich. Auch Émile Peynaud nicht, der wahrscheinlich mein Mentor war. Ein „aufrüttelndes Bewusstsein", wie die Rücksichtsvollen sagen.

Ich muss Émile Peynaud würdigen. Wir verdanken ihm so viel. Nach seinem Unterricht war unser Geist genährt und gestärkt. Mit seinem ausgeprägten Akzent des Südwestens vermittelte er uns die Lust am Verstehen. Einer dieser Gelehrten, die Dinge lieber aufklären, als sie in Begriffe zu fassen, und bis zum Ende eine Klarheit in ihren Reden bewahren. Er, der von Jean Ribéreau-Gayon entdeckt und zum Studium gebracht wurde, begann als Angestellter im Weinkeller des Handelshauses Calvet. Er verteidigte seine Doktorarbeit im Jahr 1946 und verfasste zwei Nachschlagewerke: das eine über die Weinbereitung, *Connaissance et travail du vin* (*Kenntnis von und Arbeit mit Wein*), das andere über die Weinverkostung, *Le Goût du vin* (*Der Geschmack von Wein*). In seinen Augen diente die Weinverkostung vor allem dem Anstellen von Vergleichen und dem Herstellen von Bezügen. Er bat uns, einfache Worte für jede unserer Empfindungen zu finden, Verbindungen herzustellen. Wir sollten unsere Eindrücke untersuchen, egal ob wir sahen, rochen oder schmeckten. Seine beschrieb er präzise und voller Poesie. Bei Bernard Pivots Sendung *Apostrophes*[9] begeisterte sein Sinn für Metaphern einige kluge und gebildete Geister: „Dieser Wein riecht nach Holzbalken …" Niemand auf der Bühne außer Alexis Lichine[10] verstand jedoch, dass er an einen Geruch aus altem Holz und Staub in den Weinkellern erinnerte. Es war, als ob ihm das Leben seine immer sinnlichen, leibhaftigen und handfesten Worte einflüsterte. Er wusste, dass Wein verständnisinnige Antworten erforderte. Übrigens erklärte er oft: „Bei der Weinverkostung treffen sich Mensch und Wein." Es gibt nicht viele Professoren, die sich auf höfliche Weise verständlich für ihr Publikum ausdrücken. „Einen guten Sinn für Geschmack und Geruch teilt man am besten", ließ er bei Unterrichtsende schelmisch fallen. Er liegt jetzt in meiner Bibliothek. Er wird keinen Streit mit der Nachwelt haben, dessen bin ich mir sicher.

Es sei auch daran erinnert, dass sich die Forschung in den 1960er-Jahren auf die Chemie des Weines und die Untersuchung der Gärprozesse, der Tanninstrukturen und der Schwefelverbindungen konzentrierte. Folglich konnte sie keine Fortschritte bei der Gegend machen. Man interessierte sich für die Arbeit im Weinkeller, nie für die in den Weinbergen. Man trieb im Empirismus. Dass alle Entdeckungen zwischen 1970 und 1990 gemacht wurden, liegt einfach daran, dass man vorher nichts oder fast nichts wusste. Als ich meinen Abschluss machte, wurde Mikrobiologie nicht einmal gelehrt, während sie heute ein wichtiges Fach ist. Die Önologie hat sich gewandelt: Früher heilte und linderte sie, heute beugt sie vor und sorgt für Qualität.

Meine Familiengeschichte und mein beruflicher Werdegang sind mit diesem mythischen Ort verankert, zu dem Pomerol geworden ist. Eine Landschaft, die heute anders ist und sich doch nicht verändert hat, als würde die Moderne noch zögern. Ich habe die Vergangenheit nie verklärt. Heimatverbundenheit bedeutet nicht, dass man sich für sie opfern muss! Man kann sich zu seinen Wurzeln bekennen und dennoch aufbrechen, sich an Vergangenes erinnern und Sesshaftigkeit ablehnen. So haben sich für mich in Pomerol die Türen zum Abenteuer geöffnet …

KAPITEL II

Revolution in der Welt der Weine

1973–2001

> *„Hätte sich herausgestellt, dass geometrische Wahrheiten*
> *die Menschen stören können, hätten sie sich schon vor langem*
> *als falsch herausgestellt.“*
> John Stuart Mill

Als ich jung war, hatte ich nicht mehr Fantasie als meine Vorfahren. Ich stellte fest, dass es gute und schlechte Jahre gab. Wir waren aus Gewohnheit Fatalisten und Unwissende. Wir blieben hartnäckig dabei, nicht zu verstehen, und verstrickten uns in durchtriebenen Spitzfindigkeiten. Das unnachgiebige Verhalten in den Weinbergen und die Verfahren der Weinbereitung verstärkten die Probleme noch. Mehr als 25 Jahre sah ich die Angestellten immer wieder dasselbe tun, egal unter welchen Umständen. In den 1960ern beschäftigte man sich mehr mit der Produktion als mit der Qualität. Und wenn Qualität zustande kam, so galt es, Mutter Natur oder Gott im Himmel zu danken. Die Jahrgänge 1963, 1965, 1968 und 1969 waren miserabel. Im Gegensatz zu dem, was viele Jahre immer wieder erzählt wurde, war diese Mittelmäßigkeit nicht ausschließlich den – gewiss ungünstigen – Wetterbedingungen geschuldet, sondern auch dem Verhalten der Winzer und der Besitzer, die einzig und allein die Erträge steigern wollten.

Würde man eine Rangliste der Jahrgänge von 1900 bis 1970 erstellen, so könnte man sie in fünf sehr gute, zehn passable und 55 uninteressante unterteilen. Ich fragte mich: Warum heben sich die Weine der großen Anbaugebiete ab, obwohl in den Weinkellern kein besonderes Verfahren angewendet wird? Die Antwort war einfach: weniger fruchtbare Böden, große Entwässerungskapazitäten und somit gesündere Früchte. Die Produktion reguliert sich von selbst, allen Widrigkeiten zum Trotz. Aus dieser Feststellung heraus entstanden neue Verfahren. Überlegungen gleichen die Schwächen der Natur aus. Die Moderne lugte zur Tür herein.

Es wäre mein Schicksal gewesen, nur im Libournais Wein zu machen. Als ich jedoch von der Universität kam, träumte ich von etwas anderem, ich wollte andere Weinberge kennenlernen, in Frankreich und im Ausland. Vor allem wollte ich verstehen, was ich trank. Wenn ich zu vornehmen Abendessen eingeladen war, hörte ich stets dieselbe Leier: „Dieser Wein musste einfach hervorragend sein!" oder „Das wird ein außergewöhnlicher Wein." In anderen Worten: Um Weine beurteilen zu können, musste man sie sich vorstellen oder sie abwarten. Die Dummheit, diese Schwester der Unwissenheit, ist geschwätzig. Die Klügsten waren davon überzeugt, dass die besten Jahrgänge durch Glück entstehen, die Scharfsinnigsten davon, dass die großen Jahrgänge Rätsel bleiben. Mir lag diese Art von Dummheiten nicht. Als ich in das Alter der Vernunft kam, stellte ich fest, dass genau diese in der Welt der Weine bitter nötig war. Mich quälten andere Fragen: Warum sollte man an der Bequemlichkeit und an mühelosen Erklärungen Gefallen finden? Wie könnte man länger diesen lässigen Umgang mit Qualität tolerieren? Es gab damals noch keine Antworten, aber das Leben würde sie uns genau in Worte fassen.

Meine Geschichte beginnt eigentlich mit der Weinlese 1973. Es zeichnete sich eine große Produktion ab, aber die Infrastruktur war für die Weinbereitung ungeeignet: Die Weinkeller waren schmutzig, die Tanks und Fässer überaltert. Die Dinge hätten kaum mäßiger laufen können. Eine traurige Realität, über die sich jedoch niemand aufzuregen schien. Der 1972er-Jahrgang, noch in den Fässern, war wegen des kalten Wetters und der großen Menge wirklich schlecht. Trotz der späten Lese waren die Trauben noch nicht reif. Logischerweise wurden die Weine reiz- und farblos, wässrig, körperlos und sauer. Es war jedoch eines der verrücktesten Jahre im Bordeaux: Aufgrund der Öffnung des amerikanischen Marktes stiegen die Preise immer höher. Uns würde Wein fehlen, also kaufte der Handel, ohne nachzudenken.

Die vorhersehbare Folge war, dass sich die Preise für die verschiedenen Appellationen vervier- oder verfünffachten. Aber gemäß dem alten Spruch, dass die Bäume nicht in den Himmel wachsen, mussten wir vom Olymp herabsteigen. Im Frühjahr 1973 brach der Markt zusammen und wurde dann völlig träge. Wir mussten fast noch dafür bezahlen, dass wir unsere Lagerbestände loswurden.

In jenem Jahr wurde Bordeaux, eingezwängt in das Korsett der Anständigkeit, von dem „Skandal um die Bordeaux-Weine" stark besudelt. Gerissene Kerle konnten der Verlockung des Geldes nicht widerstehen und hatten einen Handel mit Appellationen aufgebaut: Einfache Tafelweine von anderen Weinbergen kamen auf den Markplatz Bordeaux[11], wo die Preise explodierten. Tankwagen aus dem Midi fuhren über Bordeaux nach Paris. Auf der Route Nationale 10, der Schnellstraße zwischen Paris und Spanien, wurden verstohlen Transportausweise ausgetauscht und die Weine fuhren, als Bordeaux[12] geadelt, weiter. Durch einfache Verbuchungstricks wurde der Einsatz vervielfacht. Bereits 1896 stellte Albert Donnet, ein Winzer aus dem Médoc, fest: „Schelme halten zusammen!" Im Sommer 1973 hörten die Machenschaften plötzlich auf. Glücklich waren jene, die Käufer gefunden hatten. Die anderen begnügten sich damit, die Flaschen brav in ihren Weinkellern aufzubewahren.

Der verregnete Sommer 1973 führte zu einer reichen Ernte. Kurz vor der Lese fanden keine Geschäfte mehr statt. Die Händler übten Rache für die wahnsinnigen Preise vom Beginn der Kampagne. Der ganze Berufsstand war äußerst angespannt. Im Vorjahr hatten Dany und ich eine Autorallye gewonnen, die vom Alumniverband des Instituts für Önologie in Bordeaux veranstaltet worden war. Der Tradition entsprechend organisierte der Gewinner die nächste. An dieser Neuauflage nahmen Monsieur und Madame Chevrier teil, denen ein Weinlabor in Libourne gehörte, bei dem mein Vater Kunde war. Jean Chevrier, der 1952 begonnen hatte zu

arbeiten, träumte ernsthaft von seiner Rente und suchte ein Önologen-
paar, das früher oder später sein Erbe antreten würde. Anderthalb Monate
nach der Rallye, bei der wir uns kennenlernten, wurden wir am 1. September 1973 Partner.

Das Leben zu zweit ist einfach angenehmer, selbst bei der Arbeit. Dany und
ich wussten überhaupt noch nichts über *Consulting*, als wir das Labor von
Jean Chevrier übernahmen. Dieser hatte durch seine Fähigkeit, die Phänomene rund um den Wein ausführlich erklären zu können, das Vertrauen
zahlreicher Winzer gewonnen. Damals hatte bisher nur Émile Peynaud die
frohe Botschaft in einigen hoch angesehenen Weingütern weitergegeben.
Die Önologen wurden artig auf ihre Pipetten beschränkt, sie wurden als
Alchimisten, aber sicherlich nicht als Menschen der Praxis betrachtet.
Deswegen war ich überrascht, als André Vergriette, der neue Direktor
des Château Dassault, mich bat, zu ihm zu kommen. Er hatte verstanden,
dass man sowohl im Weinberg als auch im Weinkeller tätig werden konnte.
Eine geniale Intuition dieses Mannes, der nicht in die Welt der Weine
gehörte. Es war meine erste Beratungsleistung und wird die längste
meiner Karriere sein: 35 Jahre. Heute werde ich im Château Dassault von
Jean-Philippe Faure, einem talentierten Mitarbeiter, unterstützt.

Als Dany und ich frisch von der Universität kamen, wollten wir alles verändern. Einige Jahre später arbeiteten wir im Labor und waren gleichzeitig
als Berater und als Besitzer tätig. Ohne diese gegenseitige Ergänzung
hätte keines unserer Projekte Erfolg gehabt. Man muss zu zweit sein, um
es zu schaffen. Wir sind auch heute noch Partner.

In den Laborräumen begann ein neues Leben. Wir trafen dort Besitzer, die
über Wein und die Weinbereitung nichts oder fast nichts wussten. Und
ich muss zugeben, dass auch ich davon kaum mehr wusste. Wenigstens
die Unwissenheit hatten wir gemein! Am einfachsten war es, die Analyse-
ergebnisse mitzuteilen, auch wenn die Werte aus unseren Geräten nicht
viel sagten. Damit hatten wir ein Gesprächsthema.

Der September 1973 schien genauso trostlos zu werden: Wegen der
reichlichen Ernte war keine zufriedenstellende Reife möglich. Damals

sprach niemand vom Entlauben oder von *vendages en vert* (*grüne Lese*, dem Herausschneiden eines Teils der Frucht vor der Reife, damit die restlichen Trauben besser reifen können). Es wäre Majestätsbeleidigung gewesen, Trauben wegzuwerfen. Die Weinlese erfolgte weiterhin mit den *bastes*, 70 Liter fassende Traubenbütten aus Holz. Die moderneren Winzer verwendeten mittlerweile Kipplaster mit Schneckenförderern, die die Früchte zu großen Teilen zermalmten. Die Trauben, in eine genauso gefährliche Abbeermaschine aus Metall gebracht, dann aufgeritzt und zerstampft, wurden in Schläuchen mit kleinem Durchmesser weite Entfernungen bis in die Weintanks gepumpt. Dann wartete man fromm die Gärung ab und analysierte den potenziellen Alkoholgehalt. Die Ergebnisse stellten sich als genauso unzuverlässig heraus wie die Proben. Daher musste der Önologe die Zuckermenge bestimmen, die hinzuzufügen war, um einen richtigen Alkoholgehalt zu erhalten: 12,5 war die magische Zahl.

Das Jahr 1973 war sehr lehrreich. In manche Tanks wurde das Doppelte der gesetzlich zulässigen Zuckermenge gegeben und trotzdem war der Alkoholgehalt nach der Gärung gering. Über Monate war der Regen kaum einmal der Sonne gewichen. Durch die von heftigen Schauern wassergetränkten Böden waren die Beeren groß geworden. Diese gaben einen Saft mit geringem Zuckergehalt. Da es noch keine NMR[13] gab, um die Chaptalisierung festzustellen, handelten die Winzer – auch jene, die keine Sonntagsmesse verpassten – wider den gesunden Menschenverstand und unter Missachtung der Gesetze. Wegen der übermäßigen Menge an vorhandenem Wasser waren in den Schalen der Weinbeeren chronisch zu wenige Phenolverbindungen und auch der Säuregehalt war gering. Es lagen alle Voraussetzungen für schwache, dünne Weine vor. Manche waren zwar besser als andere, aber auch noch lange nicht gut. Eine unverrückbare Feststellung. Über das Gebiet, darauf kommen wir noch zurück, sprach man bereits, aber für uns war es noch kein Thema.

Eine weitere Katastrophe dieses mittelmäßigen Jahrgangs: Die ungeeignete Infrastruktur war für die umfangreiche Ernte zu klein. Die Erzeuger mussten sie daher abfließen lassen. So wurde der Saft von den festen Bestandteilen getrennt, um die Tanks erneut mit der frischen Ernte zu füllen. Ich habe Tanks gesehen, die bei einer einzigen Ernte bis zu fünf oder sechs Mal verwendet wurden, die Maische wurde dabei fünf bis sechs Tage vergoren! Normalerweise lässt man die Trauben 18 bis 25 Tage einweichen. Das Ergebnis konnte eigentlich nur miserabel werden, und es wurde miserabel.

Der einzige Glücksmoment in dieser allgemein schlechten Situation war die Geburt unserer Tochter Stéphanie im November. Bei der Önologie bestanden die Probleme mit dem vorzeitigen Abstechen[14] und der Lagerung der neuen Weine unter schwierigen Bedingungen allerdings fort. Der Zuckerabbau durch die Hefen hörte auf, wohingegen die malolaktische Gärung[15], ein bakterieller Vorgang, begann. Zusätzlich bildeten Essigbakterien aber auch Essigsäure in den Weinen aus. Essig! Sie können sich vorstellen, wie begeistert wir waren, als wir diese säuerlichen Weine kosteten!

Das Jahr endete in der Erschöpfung. Neben den Analysen und dem Tagesgeschäft gaben wir den enttäuschten Besitzern alle möglichen Ratschläge. Viele von ihnen, die ihre Proben ins Labor brachten, verkauften vom Fass. Die Flaschenabfüllung im Château war damals nicht so verbreitet.

Anfang 1974 keine Geschäfte. Niemand bestellte, niemand verkaufte. Die Weinkeller quollen vor schlechten Weinen über. Im Labor waren wir außerhalb der Weinlese mit dem Handel am Marktplatz Libourne tätig, an dem mehrheitlich Weinhändler und -erzeuger aus Corrèze agierten, die ihre Erzeugnisse in Nordfrankreich und Belgien verkauften und diese in den meisten Fällen in Barriquefässern per Zug verschickten. Die Kunden füllten den Wein dann selbst in Flaschen ab. Es war die Zeit der *barricailleurs* (kleine Händler, die die Ein- und Ausfuhr von Wein aus ihrer Stadt organisierten), ein Beruf, den es heute nicht mehr gibt. Die Kontrollen und Analysen ihrer Weine reichten, um unseren kleinen Betrieb am Laufen zu halten.

Im Juli 1974 hatte ich die glänzende Idee, einen Citroën Méhari zu kaufen, einen netten und preiswerten Wagen. Das war keine gute Idee: Es war die kälteste und nasseste Weinlese! Von überall her drang Wasser in den

Méhari, das fröhlich in meine Schuhe lief. Ich entschied mich daher für einen schlaueren Kauf: Stiefel.

Je mehr Monate vergingen, desto schlechter wurde die Stimmung. Die ohnehin schon spärlichen Gelder der meisten Weingüter waren praktisch erschöpft. Die neue Ernte schien gut zu werden, aber das Jahr war noch kalt. Damals sprach noch niemand von Erderwärmung. Der Sommer war traurig, sowohl wettertechnisch als auch wirtschaftlich. Als die Weinlese näher kam, handelte man zu unverschämten Preisen, um die Tanks leer zu bekommen.

Was lässt sich zu dem Verhältnis von Besitzern und Händlern sagen? Es bewegt sich, je nach Jahr und Person, zwischen Unterwürfigkeit und enttäuschter Liebe. Man kann nicht sagen, dass sie sich hassen: Erstere fragen sich regelmäßig, ob sie Letztere nicht zum Scheiterhaufen fahren sollen, wobei Letztere wiederum munter darauf warten, Erstere in die Armut zu treiben. In der Zwischenzeit grüßt man sich, geht in dieselben Läden, besucht dieselben Golfclubs und fährt in dieselben Ferienorte. Vor allem die Bucht von Arcachon ist ein Tummelplatz für große Kinder. Man hat Spaß und spioniert sich gegenseitig nach.

Noch ein schwacher, um nicht zu sagen schlechter Jahrgang. Es regnete derart viel, dass die Trauben keine Hefe mehr hatten und die Gärung nicht einsetzte. Es war, als wäre schon November. Die Jahreszeiten waren verrückt geworden. Ich erinnere mich an einen meiner Kunden, einen Weißwein-Erzeuger aus Entre-deux-Mers. Nachdem er die Vorklärung[16] seines Sauvignon Blanc beendet hatte, fragte er mich, ob er erneut abstechen[17] könne. Davor war nur mit Bentonit[18] behandelt worden. Ich wusste nicht, was ich ihm raten sollte, und sagte „ja". Ein Fehler der Jugend: Der in einem Zementtank gelagerte Most war klar wie Felswasser und noch immer keine Gärung! Die Kälte wurde stärker. Und aufgrund dieser extremen Klärung fehlte leider noch immer die Hefe. Ich überprüfte ihn gewissenhaft unter einem alten Mikroskop. Dann empfahl ich dem Besitzer, noch einmal zu schwefeln … Neue Analyse: Der pH-Wert stieg nicht über 3[19], der Schwefel stellte sich als sehr wirksam heraus.

Mitte Dezember bemerkten wir einige Blasen. Die Temperatur des Weines lag bei 8 °C, die Zuckermenge verringerte sich kaum. Im Juli 1975 war die Gärung beendet, der Besitzer konnte ihn endlich in Flaschen abfüllen. Zwanzig Jahre lang sagte er immer wieder: „Das ist der beste Weißwein, den wir jemals gemacht haben!" Die Voraussetzungen waren seitdem nicht wieder dieselben und ich habe es nie gewagt, das Experiment zu wiederholen. Auch sind die besten Weine wie Champagner und Sauternes glücklichen Zufällen geschuldet. Der Champagner – von Mönchen wie dem sehr bekannten Dom Pérignon, dem Kellermeister der Abtei Hautvillers, hergestellt – hatte versehentlich erneut gegoren. Durch die Kohlensäure wurde der Trank festlicher, da sie ihn mit feinen „tanzenden" Bläschen verfeinerte. Zufällig hatte man ein neues Verfahren entdeckt, das zu nutzen man lernen würde. Zum Sauternes lautet die Legende, dass der Besitzer eines angesehenen Weingutes, der sich mehr mit seiner Jagdbeute als mit seinen Weinbergen beschäftigte, bei der Rückkehr von einem seiner Ausflüge feststellte, dass alle Trauben von Edelfäule befallen waren. Er erntete sie dennoch und erhielt diesen unvergleichlichen Likörwein, bei dem der Pilz namens *Botrytis cinerea* die Entstehung komplexer Aromen unterstützt hatte.

Ein glückliches Ereignis im Jahr 1974: In mein Haus kam eine Praktikantin mit seltener Hingabe und Strenge. Heute leitet Viviane Costas das Labor und alle Teams. Dany und ich schafften es außerdem, das von meinen Eltern geliehene Geld zurückzuzahlen, und kauften 50 % der Anteile des Chevrier-Labors. Ein wichtiger Schritt auf unserem Weg. Die Weihnachtszeit näherte sich, aber die Stimmung bei den Winzern blieb gedrückt. Ich überlegte ernsthaft, meine Arbeit aufzugeben und mein Glück woanders zu versuchen.

Das herrliche Frühjahr 1975 schließlich versprach eine gute Ernte. Auch der Sommer enttäuschte nicht. Man würde Juli und August endlich genießen können, Monate, die im Weinbau normalerweise nicht so hektisch sind. Langsam kehrte die gute Stimmung zurück. Die Weinlese war zu früh, aber nach drei schlechten Jahren beeilten sich alle, die Trauben einzubringen. Diese Weine, die große Weine zu werden schienen, wurden jedoch zu früh geerntet. Ihre Tannine blieben fest und verschlossen. Man sagte sich immer wieder, als wolle man sich selbst davon überzeugen, die hochheilige Formel aus Bordeaux vor: „Sie werden noch aufgehen!" Bei einigen stimmte es. Bei den meisten warten wir allerdings noch immer.

Die Sorgen wurden weniger. Ein Berufswechsel stand nicht mehr zur Debatte. Wir würden weiterhin Önologen am rechten Ufer der Gironde sein. 1975 wurden Enzyme ein Thema, die die Önologie revolutionieren würden. Wahrscheinlich die wichtigste Entdeckung der letzten Jahre, was die Zusatzstoffe betrifft. Diese Behandlung, die auch nicht weiter schadete, half erheblich bei der Klärung des Weines. Seit 1973 hatte sich die vorher kaum praktizierte Flaschenabfüllung bei den Erzeugern weit verbreitet. In den meisten Châteaus gab es keine geeigneten Orte für die Lagerung der Weine. Ein Segen für die Labors: Neben einem Anstieg der normalen Analysen war es nun auch unsere Aufgabe, Probleme festzustellen und Lösungen zu finden. Aber wir konnten weder die Weine stabilisieren noch Ausfällungen verhindern. Die Mikrobiologie gab es noch nicht: Die Hefen und die Bakterien hatten ihren Spaß. In den unzureichend geschützten und isolierten Gebäuden wurde im Winter das Auftreten von Kaliumbitartrat, kleinen, zuckerähnlichen Kristallen, begünstigt.

Allmählich verstanden wir unser Handwerk und begannen, den Besitzern Anweisungen zu geben. Die meisten waren davon überzeugt, dass das Wissen allein von Vater zu Sohn weitergegeben wurde. Alles war auf dem Pergament der Genealogie eingetragen. Die Weinbereitung wurde einem bereits in die Wiege gelegt: „Dein Vater war Winzer, du wirst auch Winzer sein. Er hatte die richtige Art zu denken, du wirst denken wie er …" Diese Vererbung reichte, um sie davon zu überzeugen, dass es keine andere Art der Weinbereitung gab. Es hätte nicht viel gefehlt und man hätte eine Ausbildung im Mutterleib angepriesen! Deswegen war der Beruf des Önologen so schlecht angesehen, ja sogar unbekannt. Als Beweis dafür möchte ich das drollige Missgeschick anführen, das mir in jenem Jahr widerfuhr, als ich einen Routinebesuch im Château Fronsac absolvierte, in dem es nur einen Tank gab. Die Besitzerin liebte die Weinbereitung und hatte beschlossen, sich allein darum zu kümmern. Die Hausangestellte kündigte dem Mann meiner Kundin, der mich im Salon einer hübschen Kartause erwartete, meine Ankunft an: „Monsieur, der Gynäkologe der Madame ist da." Gelächter.

Die Chevriers gingen 1976 in Rente. Wir hatten damals alle Geschäfts-
anteile erworben und eine Laborantin sowie zwei weitere Önologen ange-
stellt. Bei diesen Verpflichtungen mussten wir ein hohes Arbeitspensum
beibehalten, um die Kredite zurückzuzahlen, zumal die Konkurrenz härter
wurde: In Libourne gab es bereits drei Labors, drei weitere von der Land-
wirtschaftskammer waren in der Gironde verstreut.

Nach den sengenden Monaten Juli und August begann die extrem frühe
Weinlese um den 10. September. Die Trauben waren zwar klein, aber sehr
intensiv, und gaben einen hervorragenden ersten Saft. Nach dem Beginn
einer Ernte, die großartig zu werden schien, verdarb leider der Regen den
Spaß. Heißes, feuchtes Wetter hielt sich. Bei Temperaturen an die 30 °C
und einer Luftfeuchtigkeit von 90 % gab es eine großflächige *Botrytis*-
Explosion. Innerhalb weniger Tage verloren die schönen Trauben all ihren
Glanz. Die Früchte, die gerettet werden konnten, mussten so schnell wie
möglich gekeltert werden. Ein Alptraum. Niemand wusste, was er tun
sollte: Die Polyphenoloxidase verschlimmerte alles, ruinierte Farbe und
Qualität vollständig. Beim Abstechen erhielten wir braunen Wein, der stark
nach Phenol schmeckte.

Was ich für meine letzte Stunde hielt, wurde zu einer Feuertaufe. Das
Labor war immer voll, die Kunden standen Schlange bis auf den Bürger-
steig. Wir erhielten fast 1.000 Proben pro Tag! Und wir hatten keinen
Computer, kein Internet, kein Fax: nur ein ständig besetztes Telefon. Eine
danteske Situation: Stundenlang waren wir damit beschäftigt, die Analyse-
ergebnisse zu interpretieren, mitzuteilen und geduldig von Hand in ein
Heft zu übertragen. Ich untersuchte die Weine auf möglichen oxidativen
Bruch[20]. Bei einigen Privilegierten begab ich mich sogar auf das Weingut,
um die Proben vor Ort zu entnehmen. In jenem Jahr kam mir eine geniale
Idee: Wir wendeten beim Wein das in der Medizin bekannte Verfahren der
Continuous Flow Analysis an. Durch die Nutzung dieses automatischen
Analysators mussten wir nicht länger auf die weniger verlässliche, langwie-
rigere und eintönige Bestimmung von Hand zurückgreifen. Bei fast 1.000
Proben pro Tag gab es zahlreiche Fehlerquellen. Ich schlief vier Stunden,
um morgens den Besitzern die Ergebnisse mitzuteilen. Dany nahm nachts
die letzten Überprüfungen vor.

Die automatische Analyse wurde zu Recht als Revolution in der Önologie betrachtet. Mit Marc Dubernet in Narbonne waren wir die ersten, die uns ernsthaft für diese seltsamen Maschinen interessierten. Wir brauchten Stunden, um sie einzustellen. Ich erinnere mich, dass mir unsere Laborantin Viviane spätabends nach meinen Besuchen von den Problemen berichtete. Es gab sie wie Sand am Meer. Wenn ich sie nicht lösen konnte, mussten wir wieder von Hand analysieren, wie in den guten alten Zeiten. Und das bis zum Morgengrauen. Eine Stunde Schlaf, Dusche, Kaffee, und halb neun machten wir das Labor auf … Etwa 20 Personen standen bereits dicht gedrängt vor der Tür, manche stritten darum, wer als Erster hinein durfte. Wir hatten unseren Spaß daran, wie man ihn hat, wenn sich dieselben Szenen mit denselben Leuten wiederholen.

Die Weinlese, von der wir dachten, dass sie in aller Ruhe stattfindet, endete wieder einmal turbulent. Für die Winzer ist das Leben nie ein langer, ruhiger Fluss. Eines Abends, als ich in wenigen Stunden mehr als 100 Analyseberichte erstellt hatte, teilte ich einem Kunden mit letzter Kraft seine Ergebnisse mit. Ihm war nichts Ungewöhnliches mitzuteilen: Wurde ein Problem festgestellt, teilte mir das Labor das im Heft mit. Eine Stunde nach seiner Abfahrt klingelte jedoch das Telefon. Derselbe Besitzer erkundigte sich: „Haben Sie meine Proben wirklich angeschaut?" Ich antwortete ehrlich: „Nein, aber ich werde sie unverzüglich untersuchen." Wie verblüfft war ich, als ich die drei schmutziggelben Flaschen sah: Der oxidative Bruch hatte die Farbe des Weins vollständig zerstört. Völlig kleinlaut bat ich den Kunden um Entschuldigung und fragte, ob er am nächsten Morgen in aller Frühe zurückkommen könnte. Er war so nett, sich an kein anderes Labor zu wenden. Damals wurden Beeren noch nicht selektiert. Man füllte eilig die ersten Tanks, ohne sich um den Zustand der Trauben zu kümmern. Viele Winzer kamen triumphierend ins Labor: „Wir sind noch einmal davongekommen! Der Jahrgang hätte ein schlechter werden können!" Andere Zeiten, andere Sitten, aber immer dieselbe Sturheit bei der blinden Routine.

Das Jahr 1977 war uns nicht wohlgesonnen. Der Austrieb[21] war zu früh, Ende März. Wie sagte mein Großvater: „Märzwein ist entweder großartig oder es gibt keinen." Der Gute hatte immer Recht. Am 10. April, Ostermontag, ruinierten Morgenfrost und anschließender Schnee den Jahrgang.

Der Sommer war grau und regenreich. Ein durch und durch verfluchtes Jahr. Große Depression im Labor: Nach der heftigen Nachfrage nach Analysen und den durchgearbeiteten Nächten im Jahr 1976 jetzt die Hungersnot. Wir hatten nur wenig zu tun. Auf unserem Weingut, das noch immer von meinem Vater geleitet wurde, gab es einen großen und einen kleinen Gärkeller. Ich erinnere mich noch, dass wir die Weinlese beendeten, ohne den großen Gärkeller überhaupt geöffnet zu haben! Ich suchte Lösungen. Wir mussten irgendwie überleben. Da ich nicht die Kenntnisse besaß, um auf medizinische Analysen umzusatteln, interessierte ich mich für die Vielschichtigkeit der Böden. Damals forschte kein Labor in eine solche Richtung. Seither führt an diesen Forschungen kein Weg vorbei, wenn man den Säuregehalt, die Menge an vorhandenen Stoffen wie Stickstoff, Kali oder Phosphorsäure, einigen Spurenelementen und auch die Korngröße bestimmen will. Wir ließen erst 1981 zugunsten der ausschließlichen Beschäftigung mit Önologie und Beratung davon ab.

1978 brachte eines der schönsten Frühjahre, da unsere zweite Tochter Marie geboren wurde. Ein ruhiges Jahr. Wir konnten durchatmen. Durchschnittliche Blüte, mittelmäßiger Sommer, späte Weinlese. Wieder nur eine kleine Menge, aber von zufriedenstellender Qualität. Ein zunächst verschlossener Jahrgang mit heute exzellenten Eigenschaften, den man einige Jahre lang mit Freude trinken wird.

Ein Jahr später, 1979, war die Reife verzögert, weil sich eine große Menge an Trauben in den Rebstöcken befand. Wir hatten allerdings eine traumhafte Nachsaison. Nach der Knappheit füllten sich die Weinkeller wieder. Dank des Altweibersommers wurde die Weinlese spät beendet. Dieses Mal mussten wir im Château Le Bon Pasteur, für das wir seit Kurzem verantwortlich waren, den kleinen und den großen Gärkeller benutzen. Da dann immer noch Trauben übrig waren und ich eine lange Maischegärung wollte, brachte mir ein Freund einen Tank, den wir draußen aufstellten. Wir sahen Anzeichen dafür, was klare Fakten bei den Weinbereitungsverfahren werden würden: späte Weinlese, Temperaturkontrolle, lange Maischegärung. Wie immer entstehen Erfindungen und Umbrüche, wenn Katastrophen auf Einfallsreichtum treffen. Der Jahrgang schien vielversprechend zu werden.

Wir waren gerade – voller Neugier und auch Beunruhigung – den ersten Erntemaschinen begegnet. Wir hatten keine Ahnung davon, wie katastrophal sie sich auf die Qualität auswirken würden. Zu derselben Zeit breitete sich eine Technik aus, die zwar nicht neu, aber kompliziert durchzuführen war: die Warmgärung. Merkwürdige Geräte wie diese gasbetriebenen Durchlauferhitzer, in denen der Wein zirkulierte, der den Trester bei seinem Rückfluss in den Tank erwärmte. Eine langwierige und wenig effiziente Methode. In einigen Fällen überzeugte das Ergebnis für den Jahrgang 1979 allerdings. Hätten wir die Erträge kontrolliert, wäre der Wein erstklassig geworden. Aber die Prioritäten lagen damals woanders. Wir hatten gute Erfolge, die man noch heute würdigen kann.

Ebenfalls im Jahr 1979 kaufte ich zum ersten Mal Eichenholz über einen Freund aus Kindertagen, Pierre Darnajou, ein Fassbauer aus der Region, der sich auf die Herstellung von Kastanienfässern für den Weintransport beim Handel in Libourne spezialisiert hatte. Nachdem das Holz zwei Jahre getrocknet war, wurden daraus Fässer für die 1981er-Ernte hergestellt. Eine hohe Investition für uns. In den meisten Weinkellern klagte man über die vorhandenen alten Fässer mit ihren aufdringlichen Aromen nach Schimmel und pilzbefallenem Holz, den einige noch immer mit den Aromen der Gegend verwechseln. Damals konnte man die durch die *Brettanomyces*[22] verursachten Schäden noch nicht ermessen. Ich wendete daher all meine Energie – die ich auch brauchte – auf, um die Besitzer zu überzeugen, dass die alten Fässer nur zu Mängeln führten. Ich empfahl, diese abgenutzten Fässer loszuwerden. Anfänglich kämpfte ich gegen das schlechte Holz, ja sogar das „Unterholz“, einige Jahre später machte man aus mir einen leidenschaftlichen Anhänger von neuem Holz. Man sah in mir einen Verbündeten des Teufels, weil ich den kostbaren Nektar in einen „Barrique-Saft“ verwandelt hatte! In den 1970er-Jahren arbeiteten Fassbauern wie Demptos, Nadalié, Sylvain, Darnajou, Berer, später Radoux, Seguin Moreau und Taransaud, die sich damals dem Cognac widmeten, an der Qualität der Maserung und den Trocken- und Heiztechniken, um die Fassdauben[23] zu verbessern.

Weil die Nachfrage stieg, breitete sich das neue Holz aus. Der Wein braucht es, wenn er sein Potenzial ausschöpfen soll. Durch diese Neuerung zog ich jedoch den Zorn der Besitzer auf mich, die einen Vorwand suchten, um ihr Geld nicht ausgeben zu müssen. Hier hatten es die schlechten Argumente wie immer leicht: „Mein Wein verträgt das neue Fass nicht", hörte man regelmäßig. Aber er vertrug offensichtlich schlechten Geschmack! Die Presse mischte sich in die Debatte ein: Die Journalisten taten sich leicht daran, sowohl dieses Phänomen zu bezeichnen als auch darüber zu sprechen. Und sie sprachen laut darüber, damit man sie hörte. Jedoch erwähnten sie in ihren Artikeln die viel schlimmeren *Brettanomyces* nicht. Es stimmt, dass bei den damaligen Analysen keine Ethylphenole und anderen Guajacole[24] festgestellt wurden.

Dies war gleichzeitig der Beginn von Tests an einigen Fässern, aus denen mir Proben von den Besitzern anvertraut wurden. Als ich zu arbeiten begann, probierte man den Wein nicht oder nur auf Anweisung des Besitzers, der eine Unregelmäßigkeit festgestellt hatte – die sich in den meisten Fällen als schwerwiegend herausstellte. Es sei noch einmal erwähnt, dass die Önologie lediglich Katastrophen verhindern sollte. Seit Jahren machte ich es mir aber zur Pflicht, die Proben, die ich im Labor erhielt, zu kosten. Staatsfeind Nr. 1 jener Zeit war die flüchtige Säure[25], eine Krankheit, derer man sich schämte. Um sie auszurotten, wurde seit etwa 20 Jahren empfohlen, die Weinkeller und die Weinbehälter zu desinfizieren. Professor Émile Peynaud hatte sich 1947 entschieden, sich in seiner Doktorarbeit mit der malolaktischen Gärung zu beschäftigen. Er hob die Önologie in den Rang einer Wissenschaft und holte sie danach zurück auf den Boden. Bis Ende der 1960er-Jahre bemühte er sich aufzuzeigen, wie absolut notwendig eine Verbesserung der hygienischen Bedingungen war.

Zur flüchtigen Säure fällt mir eine Anekdote ein: Eines Tages, als ich mich fragte, wohin es mit der Welt geht, sah ich einen Kunden ins Labor kommen, aus dessen Augen der bäuerliche Schalk blitzte. Dieser ehemalige Rugbyspieler mit raspelkurzem Haar und kantigem Gesicht wartete auf seine Ergebnisse. Ich teilte ihm mit: „Sie sind gar nicht gut. Ihre Tanks liegen über der zulässigen Grenze …" Ich war noch nicht fertig, da lag er bereits am Boden. Ohnmächtig. Dieser Kerl wie ein Schrank war einfach umgekippt. Mühsam setzten wir ihn auf einen Stuhl. Ich holte einen guten Cognac, durch den der Ärmste wieder etwas Farbe bekam.

Theoretisch würde sein „nicht den gesetzlichen und handelsüblichen Vorschriften entsprechender" Wein, so die gängige Formulierung, an die Essigfabrik verkauft werden. Praktisch war das der sichere Bankrott. Als weiser Prediger riet ich ihm dennoch, repräsentative Proben zu nehmen. Bei der Analyse wurde diese Unregelmäßigkeit nicht mehr festgestellt. Sein Wein war nicht mehr verloren. Und er blieb stehen.

Es dauerte bis in die 1980er-Jahre, bis man sich der Perfektionierung der Weinbereitungstechniken und damit der Qualität annahm. Diese Techniken waren zwar erstaunlich alt, doch mangelte es nicht an gesundem Menschenverstand, wie die Weinkeller Kawinski im Médoc bestätigten, wo bereits das Gravitationsprinzip[26] genutzt wurde. Seitdem sind wir alle auf dieses Verfahren zurückgekommen, auf das wegen seiner schwierigen Umsetzung eine Zeitlang verzichtet wurde. Das Château Pontet-Canet hat dieses System wieder ins Leben gerufen und modernisiert. Andere Anlagen arbeiten heute nach demselben Prinzip.

In den 1970ern endeten die Saisons dermaßen schlecht, dass wir immer oder fast immer ernteten, weil wir mussten, ohne dass wir uns um den Zustand der Trauben kümmerten. Ich dachte also an die Jahrgänge, die Eindruck hinterlassen hatten: 1928, 1929, 1945, 1947 und 1961. Eine Feststellung dränge sich auf: schwache, wenn nicht sogar sehr schwache durchschnittliche Ernten in frühen und heißen Jahren. Schlussfolgerung: Wir hatten reife Trauben geerntet, so wie Molières Edelmann Monsieur Jordain in *Der Bürger als Edelmann* in Prosa sprach, ohne es zu wissen! Die erzeugten Weine konnten je nach Verlauf der alkoholischen Gärung, die noch nicht kontrolliert werden konnte, außergewöhnlich oder mittelmäßig werden. Die einen hatten noch einen erheblichen Restzuckergehalt und wurden durch einen erhöhten Gehalt an flüchtiger Säure beeinträchtigt. Andere wurden zu wahrscheinlich unvergleichlichen „historischen Denkmälern", die zum Ruhm des Bordeaux beigetragen haben. Wir dürfen jedoch nicht vergessen, dass nur eine geringe Anzahl an Jahrgängen auf der Liste der außergewöhnlichen Weine steht, die in die Geschichte eingegangen sind. Jene, die der Vergangenheit nachweinen und zu klebriger Nostalgie auffordern, sollten sich also besser an der Menge hervorragender Weine erfreuen, die heute auf dem Markt zu finden ist.

1980 war ein mittelmäßiger Jahrgang. Es gab dennoch sehr gute Weine vom rechten Ufer, die noch angenehm überraschen. Vom 1981er-Jahrgang spricht man wenig, weil das Genie des Jahrzehnts im Jahr 1982 geboren wurde. Was für eine Geschichte! In der Zwischenzeit hatten wir gelernt, die Trauben vor der Lese zu probieren. Es braucht so viel Geduld, um die Gewohnheiten zu verändern, die als Überzeugung gelten. Hätten auch alle Winzer auf der ganzen Welt bei ihren Göttern geschworen, dass sie reife Trauben lesen, so hätten sie doch nicht gewusst, wie Reife genau definiert wird. Wie konnten sie es begreifen? Die Analysen stellten sich als unzureichend heraus. Das sicherste Mittel bestand also darin, in die Frucht zu beißen. Ich sagte meinen Mitarbeitern und meinen Kunden immer und immer wieder diese unveränderliche Wahrheit: Je öfter man probiert, desto besser wird man bei der Beurteilung, selbst wenn die Verkostung zwangsläufig subjektiv ist. Die störrischen Geister mussten davon überzeugt werden, dass die Beurteilung der richtigen Reife eine Mischung aus Erfahrung, Wissen, Intuition und Willkür ist. Ich sehe in die Beere hinein, wenn andere ihre Scheuklappen aufbehalten.

Es bleibt jedoch auch eine Tatsache, dass die Entscheidung der Traubenlese vor allem von den Nerven des Besitzers abhängt! Da wir den klimatischen Gegebenheiten noch immer genauso ohnmächtig gegenüberstanden, mussten wir die Arbeit im Weinberg, vor allem in den heißen Jahren, verbessern. Das Gesicht der Weinberge würde sich bald verändern. Knapp 30 Jahre später wird bewusst, wie sehr sich die Denkweise in diesem Bereich geändert hat, wie der 2008er-Jahrgang mit der spätesten Weinlese aller Zeiten zeigt. Diese großen Jahrgänge waren für uns der Schlüssel zu den modernen Verfahren.

Anfang der 1980er-Jahre wurden noch weitere größere Entdeckungen für die Revolution der Qualität gemacht: die gezielte und vernünftige Verwendung von Stickstoff bei der Düngung, der bis dahin trotz seiner Auswirkungen auf die schnelle Entstehung von Fäule hemmungslos eingesetzt wurde. Auch wurde begonnen, von Bepflanzungsdichte[27] und Rebunterlagen zu sprechen. Weg mit 5BB, Paulsen und SO4! Es war ein historischer Fehler der leitenden Instanzen von Bordeaux, letztere empfohlen zu haben, die so gefährlich für die Qualität der Trauben und der erzeugten

Weine war. Die Weinberge in Bordeaux leiden noch heute. Es ist untragbar, dass sie noch immer in Baumschulen verkauft wird.

Leider wurde das Jahr 1982, in dem ich die besten Trauben gekostet habe, etwas von den Erntemaschinen verpfuscht. Viele Weingüter, und nicht die schlechtesten, setzten sie ein. Eine Seuche in Pomerol und in Saint-Émilion! Im Médoc hingegen waren keine Schäden zu beklagen, weil der Abstand zwischen den Rebreihen[28] so gering war, dass die Erntemaschinen nur eingeschränkt eingesetzt werden konnten. Darüber hinaus ließ sich diese blinde Verwendung dadurch erklären, dass Arbeitskräfte schwer zu finden waren. Es fanden damals keine Anpassungen statt, weder in den Weinbergen noch in den Fässern, die Anlass zur maschinellen Ernte gegeben hätten. Ich habe Weingüter gesehen, die hervorragende Weine produzierten und mit einem Mal Rückschritte machten. Der Saft in den Tanks glich einem Hexentrank! Spinnen, Eidechsen, Mäuse, Metallklammern, Holzpflöcke, Rinde und Bindfäden goren fröhlich vor sich hin. Diese Brühe hatte nichts mehr mit dem Getränk von Bernard Pivot zu tun. Vorausschauende Besitzer begannen, die Gefährlichkeit der Maschinen zu erahnen, und verzichteten auf sie. Andere bereiteten die Weinberge auf den Einsatz der Maschinen vor. Viel später kamen Sortiertische auf. Die letzten Maschinengenerationen waren zwar immer noch nicht ideal, aber erheblich besser. Der Hauptanreiz für die Technisierung war die Verringerung der Kosten, eine wirtschaftliche Auswirkung, die man nie vernachlässigen darf.

Im Bordeaux ist der Absatzrückgang genauso chronisch wie der Regen. Die Weinberge in der hübschen Landschaft zu erhalten ist schön, aber kompliziert. Für die Weinbereitung ist eine aufwendige und kostspielige Infrastruktur nötig. Schenkt man einigen Aufschneidern Gehör, könnte man fast vergessen, dass der edle Trank ein für den Verkauf bestimmtes Konsumgut ist. Die Winzer selbst wissen sehr wohl, dass Wein weniger eine Investition als vielmehr eine Tänzerin ist. Der Markt macht, was er will.

Das Jahr 1982, das vor Versprechen summte, wird dauerhaft in Erinnerung bleiben. Es bleibt jedoch eine ernüchternde Wahrheit: Es gibt nichts Schwierigeres, als einen Landbesitzer zufriedenzustellen. Uns kamen regelmäßig verzweifelte Beschwerden zu Ohren. Immer wieder dieselbe Leier. Es wurden alle möglichen Widersinnigkeiten heruntergebetet. Wenn es regnete, hieß es: „Es regnet nicht genug!", oder ebenso schade: „Es regnet zu viel! Das muss aufhören!" Und wenn es trockener wurde, dann wurde gejammert: „Regen wäre schön!" Es gab allerdings kein Extrem zu beklagen, ganz im Gegenteil: Das Wetter war mild und übertraf unsere Erwartungen. Die – frühe – Weinlese wurde am 10. September begonnen. Die Trauben überraschten mit ihrer Reife und die große Saftmenge mit der Qualität. Beste Vorzeichen für einen guten Jahrgang. Endlich historische Weine!

Es war auch das Jahr, in dem sich die Journalisten genauer für die Welt der Weine interessierten. Einer von ihnen machte sich sofort einen Namen, indem er sich eifrig dafür einsetzte, dass man ihn kennt. Andere waren vorsichtiger und streckten nur einen Zeh ins Wasser. Wieder andere wollten Besserwisser sein. Sie waren dagegen, das war ihre einzige Lehre. Wir standen allerdings erst am Anfang dessen, was man eine mediale Orgie nennen würde. Doch dazu später.

Damals im Jahr 1982 waren die Weinkeller nicht mit zuverlässigen Kühlern ausgestattet: Die brütende Hitze während der Weinlese führte dazu, dass die Gärung stecken blieb. Dank der Fortschritte, die die Önologie gemacht hatte, wurde Milchsäurestich meistens verhindert. Aber die Weine waren süß, wie man damals sagte. Sogar der Weinverband Bordeaux (*Conseil interprofessionnel du vin de Bordeaux* – CIVB) regte sich darüber auf und gründete einen Ausschuss, der mit der Untersuchung der Gründe für diese unpassenden Gärstopps beauftragt war. Es fand ein regelrechter Sturm auf die Pflanzenschutzmittel statt. Es mussten Schuldige gefunden werden. Der Ausschuss, dem ich angehörte, fand jedoch nichts. Wie analysierte der amerikanische Humorist Fred Allen nüchtern? „Ein Ausschuss ist eine Gruppe von Menschen, die als Einzelne nichts tun können, aber als Gruppe beschließen, dass nichts getan werden kann."

Heute wissen wir, dass die unkontrollierten hohen Temperaturen und die fehlende Homogenität in den Tanks während des Umpumpens[29], wegen fehlender Mittel, allein für diese Gärstopps verantwortlich sind. Ich erinnere mich, dass ein Kunde, der ein Weingut besaß, eine beeindruckende Anzahl an Tanks hatte, deren Gärung nicht abgeschlossen war. Misstrauisch fragte ich ihn: „Haben Sie denn die Maische richtig umgepumpt?" Er antwortete mir, wie immer: „Natürlich." Ich stellte ihm dann weitere Fragen, um zu verstehen, was passiert war. Dann stellte ich eine kurze Berechnung auf: Er hätte 43 Stunden pro Tag pumpen müssen, um ideale Arbeit zu leisten! Glücklicherweise sind die Zahl und die Qualität der Pumpen seitdem gestiegen. Da es noch keine Trockenhefe oder gefriergetrocknete Hefe gab, begann die Gärung meistens im darauffolgenden Sommer erneut, und das war natürlich die beste Lösung.

Ein weiteres Problem trat auf: die Vorschriften der staatlichen Aufsichtsbehörde für in Frankreich produzierte Lebensmittel (INAO), die die Zulassung zur Führung des Namens der Appellation nur dann erteilte, wenn kein Restzucker mehr vorhanden war. Manche Besitzer begingen Fehler, die ihnen teuer zu stehen kamen. Man stieß an die Grenzen der starren und extremen Vorschriften. Manche wollten um jeden Preis ein „Siegel" bekommen und mussten dafür, unter starker Zugabe von Zusatzstoffen, die Gärung wieder starten. Für diesen außergewöhnlichen Jahrgang blieben die Marktpreise angemessen. Erst mit der Erzeugung des 1983er-Jahrgangs wurden die Preise im Frühjahr 1984 nervös.

Der Sommer 1983 war heiß, vor allem der Juli. Wir befürchteten die Ausbreitung von Krankheiten und hatten Recht damit. Die Schwarzfäule[30] verursachte erhebliche Schäden in den Weinbergen, aber wir verfügten nun über eine ganze Reihe an effizienten Behandlungsmethoden. Ich besuchte mehrere Weingüter in Pomerol, in denen die Krankheit ernsthafte Schäden an den Rebstöcken verursacht hatte. Eines von ihnen wurde von zwei Damen geleitet, die das „Sulfat", wie man es noch nannte, in einem Holzbecken vorbereiteten. Ich erinnere mich an eine überaus antiquierte Szene: Ein Angestellter kam mit seinem Ochsen, um das Behandlungsgerät zu füllen. Aber die Schwarzfäule war stärker als der Ochse. Jean de la Fontaine hätte daraus eine hervorragende Moral für eine seiner Fabeln geschrieben. Die armen Damen, Thérèse und Marie, waren bekümmert und luden mich auf einen Tee ein. Zwei untrennbare Schwestern, die sich nicht ähnelten: Die eine war klein und dünn, die andere groß und rundlich.

Sie sprachen zum Himmel und dann und wann zu mir. Zwischen zwei Schlucken sprachen wir über die Familie und den ehemaligen Pfarrer von Pomerol. Wir klagten auch über die Ungerechtigkeiten der Natur und unsere Ohnmacht. Sie baten mich, zwei Wochen später noch einmal zur Beurteilung der Lage wiederzukommen … Ich steckte im Dilemma der Ahnungslosen: Ich wusste nichts, oh Herr! Dennoch kehrte ich zurück und unterwarf mich derselben Zeremonie: Tee, Gespräch, Trostlosigkeit. Und die Damen sahen mich an, als wollten sie düstere Vorzeichen von sich wenden. Das war die Vorgeschichte zur Beratung. Ich verstand, dass man den Kunden zuhören, ihre Arbeitsweise herausfinden, sie notfalls beruhigen und ihnen zum richtigen Zeitpunkt, das heißt, so selten wie möglich, Anweisungen geben musste. Damals traute ich mich aber weder, „Nein" zu sagen, noch Geld von jenen zu verlangen, denen ich sonntags in der Kirche begegnete.

1984: schlechtes Frühjahr und dramatische Blüte für den Merlot. Ein mittelmäßiges Jahr, in dem Bordeaux und seine Händler, in ihrer „großen Weisheit", den Wein teurer als die Weine von 1982 und 1983 verkauften. Manche Händler haben sich nie davon erholt. Ich höre noch heute diesen kalifornischen Importhändler in seinem *warehouse*[31], der eine ganze Ladung Kisten eines großen Château aus Bordeaux gekauft hatte, wie er mir mit unverhohlener Bitterkeit in der Stimme anvertraut: „Das reicht für den Rest meines Lebens!" Heute wird allgemein zugegeben, dass es sich um den schwächsten Jahrgang der letzten 30 Jahre handelte.

1985 war die Ernte von guter, aber nicht herausragender Qualität. Am linken Ufer konnten die Trauben wegen der Regenfälle Ende September und Anfang Oktober nicht richtig reifen. Am rechten Ufer waren die Schäden nicht so groß: Merlot und Cabernet Franc, deren *véraison*[32] immer früher war, erreichten eine schöne Reife.

In jenem Jahr führte ich ein Verfahren ein, das die Welt der Weine nachhaltig erschüttern würde: die grüne Lese. Manch einer behauptete, dass sie im Mittelalter erfunden wurde. Eine reine Legende. Meines Wissens wagten nur drei Winzer am rechten Ufer die Anwendung dieser Methode, die für die Qualität der kommenden Jahrgänge ausschlaggebend werden sollte: Christine Valette vom Château Troplong-Mondot, Jean-Michel Arcaute in Clinet und Hubert de Boüard in L'Angélus, die alle gerade das Steuer in ihren jeweiligen Betrieben übernommen hatten. Es waren Freunde, die ich beriet, verrückt genug, um einem anderen Verrückten zuzuhören. Die Nachbarn spotteten über das, was sie als obszöne Verschwendung betrachteten. Ich muss zugeben, dass wir nur Groll ernteten. Einige Jahre später hatten sich einige der Spötter zu „Weinbeschneidern" gewandelt. Mit Motorsägen bewaffnet kamen sie des Nachts, um hunderte Rebstöcke in einem Weingut der Appellation Margaux zu köpfen. Die Nacht macht mutig. Jene, die unsere Tat als barbarisch bewerteten, wurden selbst zu Barbaren. Jede Zeit hat ihre Verbrecher. Auch Wein kann eine mächtige Dramaturgie bieten. Voltaires Feststellung gilt leider noch immer: „Auf dieser Welt gibt es lauter Torheiten und Unglücke jeglicher Art."

Man musste doch sehen, dass sich der Gesundheitszustand des Rebstocks verbessert, wenn man seine Last ausgleicht … Da die Anzahl der Beeren geringer war und sie besser belüftet wurden, konnten Infektionen effektiver bekämpft werden und man erhielt homogene, ausgewogene, gesunde Trauben. Nur die Zufälle der Natur führten zu solchen Ergebnissen, ein oder zwei Mal in zehn Jahren! Heute wird eingestanden, dass dieses Verfahren die wichtigste Erfindung der 1980er-Jahre war. Damals jedoch vernahm man vor allem empörte Äußerungen, insbesondere bei jenen, die verbissen ihre Geldbörse festhielten und nur die Nachteile sahen, vom Ausgleich der Beerengröße (teils wahr) bis hin zur fehlenden Ernte im darauffolgenden Jahr (absolut falsch)[33]. Weniger Wein hieß weniger Geld, wiederholten jene, die jedoch nicht an Worten sparten.

Es dauerte etwa 20 Jahre, bis ein Winzer wagte, Witze darüber zu machen. Am 14. Juli 2011 entschied sich einer meiner Kunden, ein holländischer Werbefachmann und Komponist und gleichzeitig Besitzer eines 15 Hektar großen Weinbergs in Saint-Romain-la-Virvée, nicht weit entfernt von Bordeaux, aus dieser Kastration eine fröhliche Marketingmaßnahme zu machen. Traurig darüber, dass „Mama Rebstock" darunter leidet, von ihren „Babybeeren" getrennt zu sein, entschied er, am Fuße der Rebreihen ein Orchester aufzustellen. Musik beruhigt, heißt es. Er ließ aus dem Himmel ein Klavier herab, um das herum sich der Chor mit seinen warmen und tröstenden Stimmen sammelte. Zärtlichkeit statt Grausamkeit. Die Rebstöcke schienen angeheitert. Die Zuschauer auch. Nach den Klageliedern fand im Dorf ein Ball statt. Mein Freund Yves Vatelot, Besitzer des Château Reignac, wusste nicht, wie Recht er hatte, als er riet, „die Frucht wie ein Baby in seinen Windeln zu behandeln"!

Ich traf Catherine Péré-Vergé im Jahr 1985. Eine schöne, aufrichtige und offene Person. Die Tochter eines Industriellen, ursprünglich aus Pasde-Calais, hatte gerade das Château Montviel in Pomerol gekauft. Sie kam auf leisen Sohlen in eine Umgebung, in der man die „Fremden" nicht zu sehr mag. Wir in unserer kleinen Welt knüpfen emsig Kontakte, stellen Fallen auf, streiten und warten nicht immer bis zum Ende der Pause, bevor wir von vorn anfangen. Der große Vorzug von Catherine Péré-Vergé ist, dass sie sofort alles verstehen wollte: vom Führen des Weinbergs über die Infrastruktur des Weinkellers bis hin zur schwierigen Vermarktung des Weines. Im Jahr 2000 ließ sie sich mit mir auf das Abenteuer Clos de los Siete in Argentinien ein. Unmittelbar danach kaufte sie die Châteaus Le Gay und La Violette, kleine Juwelen in Pomerol. Nachdem diese Lage 2007 erneut zum Leben erweckt wurde, ist sie heute eine der am stärksten umworbenen der Appellation. Der Inbegriff des Merlot von den einzigartigen Böden dieser kleinen Gemeinde ist ganz bezaubernd. Aufgrund ihrer Begeisterung, qualitativ hochwertige Weine herzustellen, wurde Catherine Péré-Vergé zu einer wichtigen Persönlichkeit im geschlossenen Kreis der Winzer. Sie konnte sich anpassen und ihr Wissen zum Weinbau und Wein vervollkommnen, wie es nur wenige taten, selbst die nicht, die ihr ganzes Leben damit verbracht haben. Diese energische Frau ist nicht gekünstelt, sie hat etwas gegen geschwollene Knöchel. Keine angestaubte Rhetorik, keine Umschreibungen: Sie ist der Ansicht, dass jede Wahrheit, sei sie noch so störend, noch so schmerzhaft, gesagt werden sollte. Kämpferisch und pragmatisch hält sie sich von Abstraktion ebenso fern wie eine Katze von kaltem Wasser. Sie weiß von ihrem Vater, dass sich Geschäfte nur unnachgiebig leiten lassen. Jacques Dupont[34] beschrieb sie als „naiv". Eine Venusmuschel hätte einen besseren Riecher.

Ebenfalls 1985 kreuzte ein junger Mann in Fronsac bei meinem Freund Paul Barre auf: Er dachte, er könnte bei der Weinlese im Bordeaux ein bisschen Geld verdienen … Stéphane Derenoncourt blieb und ließ sich dort nieder. Als Pauls Mutter, Maryse Barre, die als Maklerin arbeitete, die Geschäftsführung von Pavie-Macquin übernahm, wurde er Kellermeister. Er arbeitete dort etwa zehn Jahre mit mir, bis 2001. Dieses Château war damals nicht so bekannt wie heute. Einmal ist keinmal: Ich setzte mich bei Jean-Paul Jauffret und Jean-Marie Chadronnier[35] ein, um einen Weg zu finden, jedes Jahr die Produktion zu vermarkten. Pavie-Macquin hatte kein Geld und brauchte finanzielle Sicherheit, um sich weiterentwickeln zu können. Meine Freunde überlegten sich, den Preis für den Pavie-Macquin gemäß den bekannteren benachbarten Weingütern zu indexieren. So stellten sie einen guten Cru Classé zu einem angemessenen Preis sicher. Stéphane Derenoncourt brachte dann eine bis dahin unbekannte Energie auf: Schritt für Schritt erklomm er, aus eigener Kraft, die Leiter nach oben. In Saint-Émilion stieg sein Ansehen. Man vertraute ihm weitere Weinberge an. Im Jahr 1999 wurde er offizieller Berater. Nach der Weinlese 2001 überließ ich ihm die Verantwortung für Pavie-Macquin, später auch für Prieuré-Lichine und Branas-Grand-Poujeaux. Stéphane besitzt ein hohes Maß an Sensibilität, ist ein guter Weinverkoster und bringt alles mit, was man für diesen Beruf, für den es eigentlich keine oder zumindest keine ausreichende Ausbildung gibt, unbedingt benötigt. Manche hatten nichts Besseres zu tun, als uns miteinander zu vergleichen: der echte Landjunge und der zynische Weinmacher … Das hochbegabte Kind des Volkes und der Vertreter des Kapitals! Man zeichnete schöne Porträts, legte Clans fest, fügte Argumenten weitere Argumente hinzu. Was hätte man anderes schreiben sollen?

1985 war ein großer Jahrgang für Kontroversen, da auch die Auseinandersetzung um die Verwendung des neuen Holzes begann[36]. Während sich manche noch empörten, verloren die Weine größtenteils ihre Aromen von altem Holz, Leder, Pelz, mitunter auch gepaart mit Pferdeschweiß sowie – bei den größeren Glückspilzen – „Hühnerscheiße". Mit diesem „poetischen" Ausdruck bezeichnet man eine damals fast unbekannte Hefe, *Brettanomyces*, die diese Aromen bis hin zur Unzumutbarkeit erzeugen kann. Natürlich mussten wir gegen diese Unregelmäßigkeiten, die so viele Weine ruiniert hatten, vorgehen. Zunächst war der Fassbestand von Interesse. Wir erzählten immer wieder, dass es besser wäre, die Fässer zu verbrennen und den Wein in Tanks auszubauen, wussten jedoch nicht, dass die Edelstahltanks durch den Sauerstoffmangel Böckser Probleme begünstigen.

Wir entdeckten gerade die Verwendung neuer Fässer. Wie immer tobten einige: „Der Wein wird verfälscht!" Die Freizeitverkoster waren sicher, zu Fachleuten zu werden, da die Holznoten so leicht erkennbar waren. Zur Zeit der Primeurweine gaben die Dümmsten von ihnen regelmäßig die magische Redewendung von sich: „Zu holzig." Das schmeckte nach stumpfsinnigem Dogma. Ich antworte seit 25 Jahren dasselbe: „Wenn die Weine im März nicht holzig sind, wo sie doch fünf Monate lang in neuen Fässern ausgebaut wurden, sollte man den Fassbauer verklagen!"

Natürlich waren Missbrauch und Misserfolge zu beklagen, alles in allem verlieh dieses dermaßen kritisierte Holz, wenn es – ich würde sagen, fast schon verliebt – auf einen für ihn gemachten Wein traf, diesem aber eine Komplexität, die man von keinem anderen Behältnis kannte. Keiner dieser Meister im Fällen von Urteilen hat mir je gesagt, dass die Jahrgänge 1988, 1989 und 1990 „zu holzig" waren. Warum? Weil dieser – anfangs übersteigerte – Geschmack schließlich verblasste und verschwand. Die moderne Önologie hat keine Lösung gefunden, wie Wein im Eichenfass reifen kann, ohne dass dies Auswirkungen auf den Geschmack hat. Es darf nicht vergessen werden, dass die im Fass ausgebauten Weine alt werden sollen. Die Harmonie offenbart sich meist erst mit der Zeit.

Eine kleine Geschichte am Rande: 1985 trat Athos in unser Leben. Zu Beginn interessierte ich mich nicht für diesen Yorkshire-Terrier. Dieser Winzling irritierte mich vielmehr. Er bemühte sich, seine „Geschäfte" an den belebtesten Stellen des Hauses zu erledigen. Wir hatten beschlossen, ihn unseren beiden Töchtern zu Weihnachten zu schenken ... Athos behauptete sich sehr schnell als Hüter des Hauses. Und wurde mein Begleiter am Tag und vor allem in der Nacht. Als ich zu einer unchristlichen Zeit einen Flug bekommen musste, wachte er sogar noch vor dem Wecker auf. Er folgte mir ins Bad, setzte sich auf den Badvorleger. Hunde reden zum Glück nicht. Meiner bellte sogar weniger laut als ein Journalist. Gemächlich verließ er das Zimmer, nichts hätte ihn erschüttern können. Zuerst hatte ich es ihm verboten, in unser Schlafzimmer zu kommen. Aber er hat es immer geschafft. Er schlief immer an meinem Rücken ein und jeden Morgen befürchtete ich, dass mein schwerer Körper das arme Tier erdrückt hatte. Seine kleinen runden Augen in seinem kleinen Kopf schienen mir zu sagen: „Ich bin schlauer!" Wenn ich von einer Reise zurückkam, erkannte er stets das Geräusch meines Autos. Oben auf der Treppe horchte er auf meine Schritte, senkte seine Schnauze, um sich zu vergewissern, dass ihn sein Gespür nicht im Stich gelassen hatte. Abends schien er keines mehr zu haben, wenn er, auf meinen Knien liegend, mit mir die schlechtesten Fernsehfilme schaute. Selbst meine Zigarre konnte ihn nicht vertreiben. Er starb an Altersschwäche. Wir begruben ihn in unserem Garten in Saillans. Wir waren nicht viele bei seiner Beerdigung, aber wir waren alle sehr traurig.

1986 war ein für meine Karriere entscheidendes Jahr. Meine Tätigkeit weitete sich aus. Ich unternahm meinen ersten Ausflug nach Graves, und durch Vermittlung von Jean-Paul Jauffret, einem großen Tennisspieler, der mich gebeten hatte, mich um das Château Belgrave zu kümmern, öffnete mir auch bald das Médoc seine Tore. Mit dem Visum für das linke Ufer in der Tasche würde ich die berühmten Châteaus dort kennenlernen. Jean-Paul, der mich noch heftig anging, als ich ihn bat, meinen En-Primeur-Wein zu kaufen, wurde zu einem Freund. Er ist einer der brillanten, schnellen Weinverkoster, von dem ich viel lernte. Sein Nachfolger Jean-Marie Chadronnier, der 1982 dazukam, führte unseren fachlichen Austausch weiter. Ich traf ihn bei einem Abendessen bei Jean-Michel Arcaute. Er arbeitete vorher im Kaffeehandel. Hatte er vielleicht deswegen so unglaublich viel Energie, weil er so unheimlich viel Kaffee getrunken hatte? In die Kunst der Verkostung arbeitete er sich allmählich ein. Ich sehe ihn noch immer dasitzen, konzentriert, entschlossen. Man spürte seine Lust, den Wein mit all seinem Zauber zu verstehen. Seine blauen Augen, die an Paul Newman erinnerten, sahen klar und weit voraus. Unsere Freundschaft hat all die Jahre überdauert.

Dann fuhr ich in die USA und bei meiner Rückkehr nach Frankreich war ich wie ein Bulldozer. Mein Gehirn war überhitzt, die Neuronen maximal gereizt. Nichts hätte mich aufhalten können. Ich wollte die Probleme anpacken. Wir mussten aus unserer Apathie heraus und drastische Maßnahmen ergreifen. Der weltweite Konkurrenzkampf ließ uns keine andere Wahl!

1987, so wurde vorausgesagt, würde kein großer Jahrgang im Bordeaux. Der triste Sommer und der Zyklon Hortense mitten im September führten zu einfachen, wenig konzentrierten Weinen mit geringem Tanningehalt und ohne satte Farbe. Wir waren mit der Kraft und mit den Nerven am Ende. Wir schliefen wenig, wir schliefen schlecht. Und wir wussten, dass der nächste Tag nicht einfach werden würde. Ich beschloss, im Château Le Bon Pasteur einen für die damalige Zeit modernen Weinkeller zu bauen: Tanks mit geringem Volumen (Verhältnis 1:1)[37], um die Oberfläche des Tresterhuts zu vergrößern und seine Höhe zu verringern.

Eine weitere Neuerung: Die Schläuche zum Verteilen der geernteten Trauben in die Tanks wurden so kurz wie möglich, ohne Knicke, um die Reibung zu reduzieren und die Früchte nicht zu beschädigen. Schließlich wurde ein System zur automatischen Temperaturkontrolle eingebaut, bei dem es zum ersten Mal die Möglichkeit gab, in unabhängigen Kreisläufen gleichzeitig Wärme und Kälte zu erzeugen. Jetzt konnten wir die einen Tanks erwärmen, während wir andere kühlten. „Kinderleicht", wird man sagen, aber trotzdem muss es erst einmal erfunden werden! Ein Wärmetechniker, Jean-Louis Bouillet, hatte sich dieses Konzept auf meine Anregung hin überlegt. Weg mit diesen Kühlapparaten, die nicht kühlten, sondern nur das Gewissen der Besitzer beruhigten! Diese setzten über Nacht diese Maschinen in Betrieb, die aber nicht funktionierten, obwohl sie ihnen von Herstellern, die sich mehr um ihren Umsatz als um die Ergebnisse sorgten, zu unverschämten Preisen verkauft worden waren. Schluss auch mit diesen chronischen Problemen bei der schwierigen Gärung. Eine Revolution in der Welt der Weinbereitung.

Nach düsteren Jahren sowohl für die Trauben als auch für die daraus erzeugten Weine wurde die Lese in *cagettes*[38] üblich. Die Moderne ersetzte auch die mit Schneckenförderern ausgestatteten Kipplaster aus Metall.

Mit diesen konnten die Trauben ohne zusätzliche Arbeitskräfte in die Auffangbehälter entladen werden, wo dann auch noch die Trauben beschädigt wurden, die der Schneckenförderer vergessen hatte. Ein zweifellos „anti-önologisches" Verhalten! Manche Châteaus, und nicht unbedingt die kleinen, brauchten 20 Jahre, um sich vom Nutzen der *cagettes* zu überzeugen. Beim Wein, wie in anderen Bereichen auch, geht die Verleumdung zu häufig den Initiativen voraus und sind Gewohnheiten stärker als Mut.

Der 1988er-Jahrgang würde, so dachte ich, explosiv. Er war sehr früh dran, der Wachstumszyklus war chaotisch. Erst trieben die Reben sehr früh, die frühesten Ende März, dann entwickelten sie sich nicht weiter. Kleine kümmerliche Zweige, nicht länger als 15 bis 20 Zentimeter, die nach und nach ihre grüne Farbe verloren und meistens gelb wurden. Wir befürchteten Frühjahrsfrost. In jenem Jahr erlebten wir den schönsten Spinnmilbenbefall unseres Lebens. Die Spinnmilben sind zwar nur mit der Lupe sichtbar, verursachen aber beträchtliche Schäden. Sie saugen den Pflanzensaft aus den Blättern und schwächen die Pflanzen erheblich. In einem normalen Jahr steigt der Saft schneller auf, als die Bisse der Spinnmilben wirken. 1988 konnten sich die welken Pflanzen jedoch nicht vor diesem barbarischen Angriff schützen. Die Sorgen wuchsen mit einem sehr kalten und verregneten Mai noch mehr. Bald wäre Blütezeit und wir befürchteten eine dürftige Ernte wegen Durchrieselns[39]. Aber Mutter Natur macht, was sie will. Nach weniger als einer Woche schien die Sonne wieder und die Temperaturen stiegen. Der kühle Sommer ruinierte dennoch die Fortschritte im Weinberg. Dann begann eine lange Trockenperiode, die sich selbst nach der Weinlese Ende September und vor allem im Oktober fortsetzte. Am Schluss erhielten wir dichte Weine mit ausgeprägten Tanninen und Fruchtaromen und einer leichten Säure. Ein großer, klassischer Bordeaux. Einige Weine dieses Jahrgangs sind erstaunlich jung geblieben.

Die Zufälle des Lebens ... Ich hätte ihm ebenso gut nie begegnen können. Wäre Patrick Léon, der Önologe des Château Mouton-Rothschild, nicht zur Zurückhaltung verpflichtet gewesen, wäre sicherlich er der Berater von Alain-Dominique Perrin geworden. So fuhr ich nach einem Telefonat mit letzterem, dem damaligen Generaldirektor von Cartier, zum Château Lagrézette in der Nähe von Cahors. Mit aufgeklapptem Verdeck fuhr ich durch den Weinberg. Die Vitalität der Reben und die Anzahl der Trauben deuteten eine reiche Ernte an. Mein Gesprächspartner erklärte mir: „Ich habe keinen Keller, mein Wein wird in der Genossenschaft gemacht. Aber ich möchte, dass Sie ihn betreuen." Eine ganz neue Erfahrung für mich: Für eine Privatperson einen Wein in einer „Kolchose" herstellen. Ich fand heraus, weswegen das System so schwerfällig und unstimmig war: schlechte Beladung der Trauben auf die Wagen, Früchte, die weder sortiert noch verlesen wurden, riesige Tanks, Ausbau in Fässern eines bereits verschnittenen Weines. Alles in allem eine unvollkommene, eine sehr unvollkommene Weinbereitung. Ich teilte Alain-Dominique Perrin sofort mit: „Ich kann keine Wunder vollbringen. Mein Eingreifen wäre überflüssig." Da er aber nicht zu jenen zählt, die aufgeben, sagte er mir: „Ich verspreche Ihnen, in einigen Jahren bekommen Sie einen Weinkeller in Lagrézette ..." Sein Bauwerk wurde 1992 fertiggestellt. Ein avantgardistisches Konzept, bei dem das Gravitationsprinzip genutzt wurde: Die Trauben kamen oberhalb der Tanks an, wurden jedoch noch durch eine Pumpe weiterbefördert. Heute haben wir einen Weinkeller, der vollständig nach dem Gravitationsprinzip funktioniert. Das wunderbar restaurierte Château Lagrézette ist eine Oase des Friedens im Grünen und selbst die Zeit scheint es sich dort gemütlich zu machen. Seine Weine zählen zu den Besten der Region[40] und seine beiden Auslesen, Cuvée Dame Honneur und Le Pigeonnier, sind die Schmuckstücke der Appellation.

Für Alain-Dominique Perrin mit seinem durchdringenden Blick und seiner kompromisslosen Intelligenz gibt es keine Schicksalsfügungen. Er hätte André Lafon widersprochen, der schrieb: „Wir haben so wenig Anteil an dem, was in unserem Leben geschieht." Er, der stets hungrig, stets aktiv ist und unaufhörlich Projekte entwirft, weiß, wie schwer ein Erfolg wiegt. Es heißt, er sei ein gefürchteter Geschäftsmann und von zeitgenössischer Kunst begeistert. Seine Loyalität und seine Treue sind weniger bekannt. Eine harte Schale mit einem weichen Kern, wie alle diskreten Menschen bemüht zu verbergen, wer er ist. Seit 25 Jahren treffen wir uns mit Alain-Dominique und einigen anderen, kosten einige Weine und genießen gutes Essen. Diäten sind etwas für ernsthafte Menschen.

Mit meinen Reisen ins Ausland wurde mein Terminkalender richtig voll. Die Monate rauschten vorbei. Seit Juni 1988 regnete es im Bordeaux nicht mehr, selbst im Herbst wurde das Grundwasser nicht aufgefüllt. Der auch weitgehend trockene Winter führte zu einem verfrühten Knospenaustrieb. Schon wieder schlaflose Nächte aus Angst vor möglichem Frost. Aber die Natur entschied sich, gnädig zu sein. Es herrschte schönes, trockenes Wetter mit Temperaturen, die über dem Durchschnitt für die Jahreszeit lagen. Folgen? Ein perfekter Wachstumszyklus, eine außergewöhnliche Blüte, eine üppige Ernte in Aussicht. Die grüne Lese begann eigentlich 1989. Noch war von keiner allgemeinen Anwendung dieses Verfahrens die Rede, da es nur von zwei bis drei Prozent der Besitzer genutzt wurde. Die Anweisungen waren weiterhin einfach: Bereiche mit einer hohen Traubendichte auslichten, verhindern, dass die Beeren sich berühren, sie ausreichend belüften, um so das Fäulnisrisiko am Ende des Zyklus zu verringern. Später würden wir lernen, die Früchte am Stamm oder am alten Holz und bestenfalls nur eine Traube pro Zweig zu behalten. Wir würden sogar die Größe verringern, indem wir die Schultern und Extremitäten entfernen würden, die immer lange bis zur Reife benötigen.

Der Sommer 1989 war genauso trocken wie die Monate zuvor, was die Situation verkomplizierte. Der Weinberg brauchte Wasser. „Es möge regnen", lautete unser Gebet. Wir wurden erhört. Zugegeben: Wenn man verzweifelt ist, ist man schließlich von allem überzeugt. Anfang August gaben die kräftigen und häufigen Schauer dem Wein die nötige Energie, um perfekt zu reifen. Wir beteten nicht mehr, wir waren entzückt. Wir hatten da einen historischen Jahrgang im Bordeaux, sowohl wegen seiner frühen Reife als auch wegen seiner Qualität. Wir wollten so früh ernten, dass ich meine USA-Reise in den Oktober verschob, denn dort war die Lese, im Gegensatz zum Bordeaux, verspätet.

Ebenfalls 1989 traf ich Élysée Forner und seinen Neffen Henri, die das Château Camensac leiteten. Sie waren die Besitzer des Château Larose-Trintaudon gewesen. Der Ansatz war ganz anders als in Marqués de Cáceres, ihrem großen Weingut in Rioja (Spanien): Die Verkostungen fanden im kleinen Labor statt und der Wein wurde auf dem Marktplatz Bordeaux verkauft. Wir sprachen immer leise miteinander, bis zu dem

Zeitpunkt, als der Termin für die Weinlese festgelegt werden sollte. Die *Botrytis*-Jahre ließen sich nicht vergessen. Das Warten machte meinen Kunden Angst, wohingegen ich der Sängerin Dalida glich (die Ähnlichkeit, das gebe ich gern zu, liegt nicht auf der Hand): *„J'attendais, le jour et la nuit, j'attendais toujours"*: *„Ich wartete, Tag und Nacht, ich wartete immer"* ... auf die optimale Reife. Um sie zu beruhigen und endgültig zu überzeugen, musste ich die Risikobereitschaft genau einschätzen. In diesen heiklen Situationen kann Humor kostbar sein. Man hat mir mein „scheinheiliges Lächeln" vorgeworfen, aber bei dem, was ich meinen Kunden zu sagen hatte, würde es gerade noch fehlen, dass ich traurig aus der Wäsche schaue!

Die Landwirtschaft macht kleine und bedächtige Fortschritte. Pathetisch ist, dass einige immer noch darüber nachdenken! Es brauchte etwa 20 Jahre, bis die anfänglich als hirnrissig bezeichnete Idee des Entlaubens[41] an Boden gewann. Geht man heute im September im Bordeaux spazieren, ist der Anteil an entlaubten Rebstöcken beeindruckend. Nach den zaghaften Anfängen im Jahr 1992 konnte sich das Verfahren in den Jahren 1998 und 1999 mehr und mehr durchsetzen, als sich die Besitzer bewusst wurden, dass sie so bei der Weinlese Zeit und Geld sparen. Sie schrien nicht mehr wie von Sinnen, dass man sie in den Ruin treiben wolle. Auch die Selbstüberzeugung wird irgendwann müde.

1990 war wieder einer der besten Jahrgänge. Das Wetter war gut gewesen, ein heißer Sommer, eine frühe Reife und eine große Ernte. Nach dem Überfluss von 1989 beschloss eine größere Anzahl an Châteaus, die Erträge zu beschränken. Die grüne Lese setzte sich allmählich durch, auch bei mir im Château Le Bon Pasteur. Sie führte übrigens zu einem drolligen Gespräch mit einem Angestellten des Weinguts. Der Alltag hält wirklich Überraschungen bereit. Eines Morgens ging ich in mein Büro und öffnete die Fensterläden. Das machte ich immer so. Ich wohnte über meinem Labor. An diesem Junimorgen sah ich verwirrt, dass Marcel unter meinem Fenster stand, das Gesicht in Falten, der Blick fiebrig. „Was machen Sie da morgens um sieben?" Er antwortete mühsam: „Ich möchte Sie sprechen ..." Seiner betretenen Miene entnahm ich, dass er mir etwas Ernstes zu sagen hatte. Ich bat ihn herein. Wahrscheinlich mit einem mulmigen

Gefühl im Bauch brachte er mit monotoner Stimme hervor: „Zählen Sie nicht auf mich, wenn Sie die Trauben wegwerfen. Ich komme, um zu kündigen." Für den Ärmsten war es ein Alptraum. Ein langes Gespräch. Das war auch nötig, um ihn zu beruhigen. Ich sagte ihm, dass sich die Frauen auf dem Weingut darum kümmern würden. Marcel ging wieder, wenn schon nicht erleichtert, so doch wenigstens besänftigt. Aber damit hörte die Geschichte noch nicht auf: 1992 wiederholten wir das Ganze, und da wir noch nicht so viele waren, die so arbeiteten, erklärte Marcel voller Stolz all jenen, die sich davon überzeugen wollten, wie notwendig dieses Verfahren ist. Auch hierzu hätte Jean de la Fontaine eine schöne Fabel schreiben können.

In demselben Jahr begegnete ich in meinem Labor Pascal Colotte, der für die Fassbauerei Saury arbeitete. Ein Furcht einflößender Verkäufer. Einer von jenen, die man vor die Tür setzt und die zum Fenster wieder hereinkommen. Ein schelmischer Blick, ein beherzter Kerl. Er hatte sich alles allein aufgebaut. Viele Gesten, viele Worte. Im Laufe der Jahre lernte ich, hinter seine spöttische Maske zu blicken. Wenn man ihm zuhört, muss man lachen. Das ist einfach so. Man kann sich nicht mit diesem gekonnten Geschichtenerzähler messen. Bei ihm werden Dinge, die ihm am Herzen liegen, direkt angesprochen, ohne lange zu murren. Mit seinen Gesprächspartnern ist er nie länger als zwei Minuten per Sie. Er zieht Umgangssprache gestelzten Formulierungen und warme Umarmungen höflicher Etikette vor. Man liebt ihn oder man hasst ihn, aber man kann ihm keine Heuchelei vorwerfen: Er sagt immer, was er denkt, und manchmal sogar mehr als das.

Anfang Januar 1991 aß ich bei Gradignan im Chalet Lyrique, ein Muss für Fleischliebhaber. Die Entrecôtes dort sind immer größer als die Teller. Durch Vermittlung meines Freundes Gérard Gribelin, dem Besitzer des Château Fieuzal, dessen blaue Augen einen durchdringenden Blick haben, hatte ich einen Termin mit einem jungen und dynamischen Investor, der gerade das Château Smith Haut Lafitte gekauft hatte. Daniel Cathiard, damals ohne seine Ehefrau Florence, besaß den Zauber begeisterter Menschen. Die Worte sprudelten nur so aus seinem Mund. Nach wenigen Minuten duzte er mich und fragte mich, ob ich der Berater seines neuen

Weinguts werden wollte. Dies war der Anfang einer wunderbaren Zusammenarbeit und einer aufrichtigen Freundschaft. Ich verstand, dass die Cathiard in den Weinbergen genauso schnell sein würden wie damals auf den verschneiten Pisten, als sie beide noch Skirennfahrer waren. Sie belasteten sich nicht mit dem angestaubten Verhaltenskodex des Bordeaux. Seit 20 Jahren wenden sie nun schon ihre Energie dafür auf, Überflüssiges zu beseitigen und das hochnäsige Verhalten der Branche auszurotten. In unserem Mikrokosmos, der in seinen kurzatmigen Gewohnheiten erstarrt war, brauchten wir starke Persönlichkeiten. Tradition ist häufig ein Vorwand, um träge zu bleiben. Innerhalb von zehn Jahren erlebte die Marke Smith Haut Lafitte dank der genialen Kommunikationsstrategien und einem ständigen Hinterfragen einen Aufschwung. Später entstanden Les Sources de Caudalie, eine Einrichtung von heute internationalem Ruf, die ein Hotel, ein Sterne-Restaurant und ein Luxus-Spa umfasst. Ein Wellness-Zentrum, Vorreiter in einer Zeit, in der gerade die Vinotherapie entstanden war.

Die ersten Monate des Jahres 1991 waren wie schöne Versprechungen. Der Knospenaustrieb war früh, die Verschnaufpause aber nur kurz. Der 21. April hat sich in unsere Erinnerung gebrannt. An jenem Sonntagmorgen, nach einer eisigen Nacht, zerstörte der Frost einen Großteil des Weins im Bordeaux und damit all unsere Hoffnungen. Nur die Weinberge an der Flussmündung wurden verschont: Sie lagen geschützter und konnten so dem beißenden Frost widerstehen. Da der Sommer für die Entwicklung der Pflanzen gute Bedingungen bot, produzierten sie einen Wein von guter Qualität. Die Stimmung in unserem Labor war jedoch gedrückt, da unsere Beschäftigung eng mit der Zahl der gefüllten Tanks zusammenhing. Die Nächte glichen einander. Wir träumten von den Flaschen, die wir nicht trinken würden. Traurige Gewissheit hat nie am Träumen gehindert. Es waren nicht mehr tausende Proben. Abends halb sieben waren die Angestellten gegangen. In jenem Jahr hatten meine Frau und ich beschlossen, ein kleines Weingut in Lussac zu pachten. Es musste umgestaltet werden und wir hatten bereits Pläne geschmiedet und das Budget festgelegt. Der Frost vom 21. April schien unseren Wunsch beendet zu haben. Wir mussten bis 1996 warten, bis wir dieses Projekt der Restaurierung des Château La Grande Clotte wieder aufgreifen konnten.

Im Rahmen der internationalen Messe Vinexpo 1991 wurde ich für einen Vortrag angefragt. Das Thema war sehr inspirierend für mich: „Die großen Veränderungen beim Weinbau und bei der Weinbereitung". Der Streit der Skeptiker und der Moderne erschütterte den Berufsstand. Vereinheitlichung des Geschmacks und übertriebene Holznoten wurden ein Thema. Dummheiten, im Chor gesungen von Journalisten, die im Dienste der Besitzer standen, die Experten für Lügen (im Übrigen mehr als für gute Weine) geworden waren. Die Besitzer wollten uns mit allen Mitteln davon überzeugen, dass die Fortschritte sie beunruhigten. Eigentlich sträubten sie sich gegen die Reformen, weil deren Umsetzung teuer und einschneidend war. Fortschrittsfeindlichkeit war lohnender, zumindest kurzfristig. Es wurden viele Albernheiten geäußert. Beim Weinbau in unserer schönen Region reagierten die kleinkarierten Geister nur auf sich selbst.

Das Jahr 1991 endete traurig und 1992 schien schwierig zu werden: recht späte Blüte, kalter und feuchter Sommer mit einer üppigen Ernte in den Weinbergen. Die Trauben sahen aus wie Pflaumen. Wieder große Mengen in Aussicht. Die Ertragsbeschränkungen, die bis dahin eher sporadisch angewendet wurden, nahmen zu. Ich sagte immer und immer wieder, dass die Produktion über die Größe der Rebstöcke und die Entfernung der überzähligen Trauben kontrolliert werden muss. Darwins Logik entsprechend würde sich die Konzentration in den übrigen Trauben erhöhen. Und mit den konzentrierteren Früchten stellt man dichtere Weine her. „Dicht", man erlaube mir diese Ausführung, allerdings nicht im Sinne von „aufgepumpt" oder „marmeladig", mit hohem Alkoholgehalt. Damals hatten die Feinde des Fortschritts einen neuen Grund gefunden, um sich zu empören: „Man muss keine grüne Lese durchführen, denn die Merlots gleichen das aus." Folgte man ihrem Gedankengang, würden die Trauben größer werden. Das stimmte. Aber 1992 hat der Regen sie aufquellen lassen! Das Château Angélus, das Weingut von Hubert de Boüard, wendete das so sehr verleumdete Verfahren strikt an und stellte zweifellos den besten Wein des Jahrgangs her.

Zugegeben, 1992 war eines der schwierigsten Jahre: Wir schafften es nicht, diese wässrigen Weine, die keine Farbe und keine Persönlichkeit hatten, attraktiv zu gestalten. Glücklicherweise wurden wichtige Methoden für die Suche nach Qualität entwickelt: Entlauben, Auslese, Ertragsbegrenzung. Da die 1991er-Produktion keinen großen Einsatz benötigte, hatte ich, wie man so sagt, „einiges an Freizeit". Zwischen den Reisen in die USA, nach Argentinien, Italien und Spanien versank ich trotzdem nicht in völliger Untätigkeit. Ich nutzte die Zeit schließlich, um mein Handicap beim Golf zu verbessern: 18, das konnte ich seither nicht toppen. Bei einem Geschäftstermin sollte man aber übrigens nie ein Wort über seine Golffertigkeiten verlieren, da diese häufig anklingen lassen, wie viel Zeit man auf dem Fairway verbracht hat.

Das Folgejahr 1993 war ruhig: ein recht früher Austrieb und ein schönes Frühjahr. Aber die En-Primeur-Kampagne brachte nicht die geringste Besserung für die allgemein herrschende Depression. Der Markt blieb weiter träge, selbst in diesem Vinexpo-Jahr. Wir hofften auf einen guten Jahrgang, um die Geschäfte wieder anzukurbeln. Ich entkam dem Bankrott dank der Freundschaft und Loyalität von Jean-Paul Marmin. Der Chef von SOCAV[42] hatte zugesagt, fast meine gesamte 1992er-Ernte zu kaufen. Ich werde ihm noch den Rest meines Lebens dafür dankbar sein. Zwar erzeugte ich nicht die schlechtesten Weine der Gironde, aber doch braucht es eine gute Portion Selbstlosigkeit, um sich damit alles zuzustellen. Neben der Schäbigkeit und den Klüngeleien gibt es im Bordeaux auch diese anständigen Seelen.

Ich erinnere mich an meinen ersten Besuch im Château Monbousquet. Das Frühjahr war schön, an jenem Tag drohte jedoch ein Gewitter. Gérard Perse und ich standen unter dem Vordach, als es plötzlich anfing zu regnen und zu hageln. Regungslos wechselten wir kein weiteres Wort. Glücklicherweise gab es aber keine Schäden. Ich wusste noch nicht, dass dieser attraktive Mann in den Vierzigern in einigen Jahren dieses schöne Weingut aufwecken und dort einen bekannten Wein herstellen würde, der 2006 zum Grand Cru Classé klassifiziert werden sollte. Leider wurde in jenem Jahr die Klassifikation der gesamten Appellation nicht bestätigt. Deswegen ist der Wein aber nicht weniger außergewöhnlich. Gérard Perse und seine Frau Chantal sind ein Siegerpaar. Als ehrgeizige Arbeiter überlassen sie nichts dem Zufall. Sie stellten es durch den Kauf des Château Pavie, ein Premier Grand Cru Classé, erneut unter Beweis.

Gérard Perse setzte seine ganze Kraft dafür ein, in diesem außergewöhnlichen Gebiet den Wein herzustellen, den es verdient, und er schaffte es. Noch ein Neuankömmling im Weinbau, der sich nicht hinter den Traditionen versteckt hat und der sich ihrer Hemmnisse entledigt hat. Das gefällt nicht jedem.

In jenem Jahr war ich noch immer bei einem Grand-Cru-Gut in Graves, dem Château Pape-Clément, tätig. Das Weingut liegt in der Gemeinde Pessac und widersteht seit Langem stolz dem Druck der Stadtplaner. Bernard Pujol, damals für das Gut verantwortlich, fragte mich, ob ich sein Berater werden wollte. Unser erstes Treffen endete mit der Verkostung eines Pape-Clément von 1961. Ich habe nie erfahren, ob es sich um eine nette Aufmerksamkeit handelte oder ob man mich damit unter Druck setzen wollte. Aber, beim heiligen Clemens, war das ein guter Wein! Ein besonderer Moment für einen Önologen und Berater, wenn er in ein neues Weingut kommt, das außerdem ein Grand Cru Classé ist. Man muss das Team vor Ort verstehen, und zwar am besten sehr schnell, und sich aufmerksam die Wünsche und auch die Sorgen anhören. Für den anderen ansprechbar zu sein, ist ein wesentlicher Bestandteil des Berufs. Ich wusste damals nicht, dass aus diesem fast gewöhnlichen Treffen eine stabile und intensive Zusammenarbeit mit Bernard Magrez entstehen würde. Einige Jahre später baute er seine Produktion durch den Kauf mehrerer Weinberge in Frankreich und auch im Ausland aus. Eines Tages im September, ich war gerade mit dem Flugzeug aus den USA gelandet, kam ich am Weingut vorbei. Bernard Pujol erwartete mich mit unglücklicher Miene: „Seit gestern sind 40 Millimeter Regen gefallen." Es begann eine lange Regenperiode. Wir konnten den sehr guten Jahrgang, den sich jeder so sehr wünschte, nicht ausbauen. Die Weinlese verlief ohne größere Zwischenfälle. 1993 wurde, wie man schon ahnte, kein herausragender Jahrgang. Man fand aber dennoch nette Weine, deren Freude im Wesentlichen in ihrer unerschrockenen Jugend lag.

1994 fragte mich Léoville-Poyferré an, ein herrliches, 80 Hektar großes Weingut, das von Didier Cuvelier geführt wird. Ich lernte die verschiedenen technischen Verantwortlichen, aber auch ihre Widerstände kennen. Meine Devise war bereits: „Nie ausschlagen, wenig widersprechen, nie locker lassen." Wie so oft konnte die Stärke der Überzeugungen die verärgerten Gemüter beruhigen. Nach und nach lernten wir die Parzellen besser kennen. Mithilfe eines Önologen bestimmten wir die Zusammensetzung der Böden und stellten sicher, dass die verschiedenen Rebsorten zu den verschiedenen Böden passten. Der Wein würde zwangsläufig besser werden. Wir untersuchten auch die Reife der Trauben, verfeinerten die Weinbereitungsverfahren. Innerhalb weniger Jahre stand Léoville-Poyferré wieder auf Augenhöhe mit seinen namhaften Nachbarn. In den 2000er-Jahren überholte es sie sogar. Der Jahrgang 1994 allerdings war noch von mittelmäßiger Qualität.

Das Jahr 1995 war weniger eintönig: Blüte und Reife im jahreszeitlichen Durchschnitt. Am rechten Ufer wurde der Jahrgang besser bewertet, da die früher reifen Merlots vor den Regenfällen geerntet wurden. Den Cabernets erging es anders, sie wurden durch die Schauer beeinträchtigt. Am linken Ufer waren jedoch schöne Erfolge zu verzeichnen, denn – nicht zu vergessen – bei den großen Châteaus im Médoc ist der Prozentsatz an Merlot hoch. Daher ist die Unterscheidung zwischen rechtem Ufer und linkem Ufer sinnlos. Wenn ich die Journalisten höre, die wieder und wieder von sich geben: „Das wird ein Jahr des rechten Ufers", lache ich leise. Sie geben immer wieder diese bedeutungslosen, immer theatralischeren, immer weniger wahren Plattitüden von sich. Bevor sie etwas äußern, sollten sie lieber den Wein probieren und vergleichen und den Verbrauchern anderweitig genauere Informationen geben. Das Festhalten an pauschalisierendem Gerede hilft weder beim Nachdenken noch beim Erkennen guter Weine.

1996 verlief ruhig. Es war ein Übergangsjahr. Ich schloss keine weiteren Verträge ab, da ich dachte, sie nicht erfüllen zu können. Später verstand ich, dass nur Müßiggänger nie Zeit haben. Nur Sophie Fourcade-Reiffers überzeugte mich in jenem Jahr, mich um ihre verschiedenen Weingüter in Saint-Émilion zu kümmern. Seitdem steckte sie ihre ganze Energie in die Weinberge der Familie, Château Baleau, und die beiden Juwelen Les Grandes Murailles und Saint-Martin. Ein großes Mädchen voller Sanftmut und Liebenswürdigkeit, die „so gut Freundschaft macht", wie Michel de Montaigne so schön sagte.

Bereits im Januar 1997 begannen die Verkostungen des in Flaschen abge-
füllten 1995er-Jahrgangs und des noch im Ausbau befindlichen 1996er
Jahrgangs. Die Weinpresse, die stets nach vereinfachenden Bezeichnun-
gen giert, teilte uns ihr Urteil mit: 1995 wäre ein Jahr des rechten Ufers,
1996 ein Jahr des linken Ufers. Witziges Detail: 15 Jahre später kann bei
den guten Weinen niemand mehr den Jahrgang und oft nicht einmal die
Uferseite erkennen. Man findet nämlich auf beiden Seiten der Garonne
schöne Erfolge. Aber diese übereilten Urteile sind in den Köpfen geblieben und wirken sich noch immer auf die Bewertungen aus.

1997: ein halbes Jahrhundert auf der Welt. Wir waren drei Freunde, die
die 50 überschritten. Ein Termin dazwischen, der 24. November, wurde
ausgewählt, um das Ereignis im Château Jonqueyres gebührend zu feiern.
Ich erinnere mich noch an dieses unglaubliche Abendessen, bei dem wir
alle 1947er tranken, die wir finden konnten. Die ersten Crus Classés aus
dem Bordeaux natürlich und auch andere, weniger renommierte Weine.
Insgesamt 27 Flaschen, die mit Robert Parker und unserem Freund Jean-
Michel Arcaute, der 2001 bei einem Unfall starb, geteilt wurden. Wir
drei fanden diesen 1947er-Jahrgang außergewöhnlich. An einem Abend
hatten wir bewiesen, dass hoher Alkoholgehalt und niedrige Gesamt-
säure mit hervorragender Qualität vereinbar sind. Dieser Jahrgang überraschte durch seine Lebendigkeit, seine Dichte und seine Komplexität.
Die Finesse, dieser hetzerische Begriff, war noch nicht erfunden worden,
um die Lücken der Weinerzeuger zu schließen. 1947 begnügte man sich
damit, große Weine herzustellen. Das hätte reichen sollen.

Es war sicherlich ein verrücktes Arbeitsjahr: 86 im Bordeaux persön-
lich betreute Weingüter. In dem Moment fiel der Groschen: Ich musste
Mitarbeiter einstellen. Heute hat Rolland Conseil et Prestation (RCP)
sieben Mitarbeiter. Meine irrsinnige Terminplanung und die Senkung der
Promillegrenze am Steuer auf 0,5 rechtfertigten die Einstellung eines
Fahrers. Neben den Verkostungen lud man mich regelmäßig zu Mittag-
und Abendessen ein und ich hatte keine Lust, auf der Polizeiwache zu
landen. Es kann nicht oft genug betont werden, wie gefährlich unser Beruf
ist! Meine Tätigkeit im Ausland weitete sich aus: USA, Spanien, Italien,

Mexiko, Argentinien, Chile. Und ich reiste zum ersten Mal nach Südafrika. Über das Jahr hatte ich meine Bordkarten aufgehoben: Im Dezember waren es 167.

Nachdem wir 20 Jahre über dem Labor in der Cours des Girondins in Libourne gewohnt hatten, zogen wir im Dezember nach Fontenil, dem 1986 gekauften Weingut in Saillans. Mir hatte das Landleben immer gefehlt, seit meine Eltern vom Land nach Libourne gezogen waren. Endlich kehrte ich dorthin zurück. Ein neues Kapitel wurde aufgeschlagen.

Leider ließ das Wetter 1997 im Bordeaux keine Milde walten. Wegen der starken Verwässerung, die sich durch die Regenfälle um die Tagundnachtgleiche herum erklären ließ, war der Jahrgang von mittelmäßiger Qualität. Zur allgemein herrschenden Katerstimmung kam der Verlust eines guten Freundes, Peby Guisez, der gemeinsam mit seiner Frau Corinne das Château Faugères besaß. Er starb mitten in der Weinlese. Mit Peby hatten wir beschlossen, einen besonderen Wein zu kreieren, und hatten es dann, des schlechten Wetters wegen, auf das Folgejahr verschoben. 1998 entschied Corinne, ihn Peby-Faugères zu nennen. Der Erfolg dieses Weines, dieser Hommage an einen außergewöhnlichen Mann, der viel zu früh von uns gegangen ist, dauert bis heute an. Das Weingut gehört jetzt Silvio Denz.

Im Großen und Ganzen verbesserte sich, den schwierigen Wetterbedingungen zum Trotz, die Qualität der Weine. Durch die neuen Techniken konnten wir zwar keine großen Tropfen erzeugen, aber zumindest elegante, fruchtige Weine erhalten, die in ihrem jungen Alter trinkbar waren. Obwohl sie nicht geeignet waren, älter als etwa zehn Jahre zu werden, konnten sie bei der Verkostung dennoch überraschen. Noch heute sind manche von ihnen, auch wenn sie nicht herausragend sind, so doch durchaus interessant.

Im Jahr darauf, 1998, kehrte Ruhe ein: ein neues Haus, weit weg vom Lärm der Stadt, ohne weitere Geräusche als dem sanft prasselnden Kaminfeuer. Im März wurde der 1997er-Jahrgang unter die Lupe genommen:

Vertreter aller Medien, der großen und der kleinen, kamen ins Bordeaux, um ihn zu probieren. Die im Großen und Ganzen gefälligen Weine waren nichts Besonderes. Die Kommentare lauteten einstimmig: elegante, leicht verwässerte Weine mit geringer Dichte, die bald getrunken und nicht gelagert werden sollten.

Zwischen dem 16. und dem 23. August fuhr ich durch die Weinberge, wie ich es jedes Jahr tat, bevor ich in die USA flog. Normalerweise probierte ich ein paar helle Trauben, aber keine roten, die noch zu unreif waren. Die Farbe des Merlot erregte jedoch meine Aufmerksamkeit und so kostete ich. Überraschung: Die Früchte waren zwar noch nicht reif, aber bereits köstlich! Diesen Geschmack habe ich nie wieder so früh in der Saison erlebt.

Während 1998 für Pomerol ein hervorragendes Jahr war, litt der amerikanische Kontinent in jenem Jahr unter einem Wetterphänomen namens *El Niño*, das dem Jahrgang sehr schadete. In jenem Jahr verwendeten wir im Château Malartic-Lagravière den berühmten Weinkeller, der vollständig nach dem Gravitationsprinzip funktionierte, der erste der Neuzeit. Die Familie Bonnie hatte dieses Weingut 1997 übernommen und wollte die Infrastruktur modernisieren. Das Projekt wurde von Bernard Mazières, einem Architekten aus Bordeaux, mit Hilfe von Jean-Louis Bouillet entwickelt und ausgeführt.

Der Markt, der zu Beginn der 1990er-Jahre wegen des Golfkriegs und der mittelmäßigen Qualität der Jahrgänge träge war, fand mit den Weinen von 1995 und 1996 neue Energie. Die Médoc-Weine galten als sehr gut, somit würde alles sehr gut sein. Schonungslose Logik. Die Preise für den 1996er-Jahrgang stiegen, sogar für die Weine vom rechten Ufer. Es geschah, was immer geschieht: Die Preise stiegen weiter, dann explodierten sie. Nur Bordeaux kann sich rühmen, das Mittelmaß teuer und das Gute nicht zu verkaufen, wie den 1990er-Jahrgang, dessen Vermarktung nicht vorangekommen war. Ein solches Phänomen hatten wir 1984 schon einmal erlebt, ein Jahrgang, der sicherlich zu den erbärmlichsten Jahrgängen der letzten 40 Jahre gehört.

Ebenfalls 1998 traf ich eine Persönlichkeit, wie man sie im Leben nur selten trifft: Bernard Magrez. Ein Mann mit echten Führungsqualitäten und einem festen Händedruck. Er hatte sein Spirituosengeschäft, William Pitters, verkauft und gerade das Château Pape-Clément übernommen. Er interessierte sich für die Weingüter des damals in Vergessenheit geratenen Languedoc und die Weine der Neuen Welt. Heute besitzt Bernard Magrez 38 Weingüter in Frankreich und im Ausland. Ich mochte es sofort, mit ihm zusammenzuarbeiten. Die Gespräche gingen in alle Richtungen, wir dachten laut nach. Er machte keine Eingeständnisse und ich auch nicht. Wir gewöhnten uns an, verständnisvoll miteinander zu diskutieren: Unsere Gespräche blieben höflich, weil wir beide nach derselben Sache strebten. Mit ihm gab es keine Routine. Er wollte immer mehr, er wollte es immer besser[43]. Dank Besitzern von seinem Schlag entwickelt sich die Welt der Weine immer weiter.

Auch wenn sich unter dem Himmel des Bordeaux (fast) alles geändert hatte, so ist Bernard Magrez doch stets derselbe geblieben. Auch noch 14 Jahre später will er bei jedem meiner Besuche dabei sein. In sein Moleskine-Notizbuch schreibt er alles, was gesagt wird. In den Weinbergen, im Weinkeller, beim Verschnitt der Weine. Er sagt oft: „Monsieur Rolland, wir können stehen, aber wir dürfen nie stillstehen. Wir müssen weitermachen, immer weitermachen, als hätten wir die Ewigkeit vor uns." Ich erinnere mich noch besonders gut an einen atemberaubenden Vormittag in Pape-Clément. Der Kellermeister hatte die Proben vor meiner Ankunft vorbereitet. Ich begann mit der Verkostung. Ich muss das Gesicht verzogen haben, als ich mich dem Spucknapf näherte, der nach Essig stank. Schwierig, unter solchen Bedingungen Wein zu verkosten. Bernard Magrez, wie immer elegant gekleidet, verstand, ohne dass ich etwas sagen musste. Die Sekunden zogen sich zu einer kleinen Ewigkeit. Plötzlich kniff er die Augen zusammen und es prasselten Beleidigungen auf den technischen Leiter herab! Ein Blitzschlag hätte keine größeren Schäden anrichten können. Es begann nur deswegen kein Streit, weil der Angestellte es nicht wagte, ihn zu unterbrechen. Natürlich boten die Laufbahn und der autoritäre Charakter von Bernard Magrez Angriffsfläche. Aber all jene, die mit ihm arbeiteten, gingen gestärkt aus dieser Zusammenarbeit hervor und konnten das Geschehen hinterfragen. Bernard Magrez ist einer der sehr seltenen Menschen, die Beschaulichkeit untersagen.

Denn gerade in der Beschaulichkeit liegt der Fehler. Wir hatten uns, festgefahren in einer romantischen Mythologie, angewöhnt, vor Mutter Natur zu katzbuckeln. Sie bestimmte. Oder der Himmel, auch egal. Man musste mit einem Kruzifix in der Hand durch die Weinberge gehen oder sich damit abfinden. Man weigerte sich, Fragen zu stellen, das verhinderte, dass man Antworten finden musste. Aber Wein schert sich nicht um Hirngespinste und Albernheiten.

Es sei noch einmal gesagt: In den 1960er-Jahren dachte man nur an die Produktion. Im darauffolgenden Jahrzehnt dachte man an die Produktion und an den Gesundheitszustand, ohne sich jedoch zu fragen, ob man in den Weinbergen tätig werden sollte. Qualität war kein Thema, das Wort war nicht einmal bekannt (heute nimmt jeder dieses Wort in den Mund, vor allem jene, die sich nicht darum kümmern, und jene, die daraus ein Marketingkonzept entwickelt haben). Ich hatte verstanden, dass ein Önologe nicht aus der Ferne beraten darf. Daher ging ich in die Weinberge und setzte Prioritäten, die die meiste Zeit großzügig ignoriert wurden. Jetzt werde ich dafür bezahlt, dieselben Ratschläge zu wiederholen. Wie oft war ich traurig bei der Erkenntnis, dass es 20 Jahre dauern sollte, bis sich die Notwendigkeit des Entlaubens der Rebstöcke durchgesetzt hatte! Wir waren allerdings die ersten, die davon profitieren konnten, und im Ausland wurde die Technik massenhaft eingesetzt.

1998 war ein ereignisreiches Jahr mit vielen Begegnungen. Im Juli verließ das Labor den geschichtsträchtigen Ort, an dem es mein Vorgänger, Jean Chevrier, 1952 gegründet hatte, und zog in die Gegend meiner Kindheit, nach Pomerol. Strategisch günstig gelegen und erreichbar. Dieses Labor wollten wir modern, funktional und geräumig. In Anbetracht des Komforts dieser neuen Bleibe überkam uns keinerlei Nostalgie. Nur meine Töchter, Stéphanie und Marie, sehnten sich nach dem Haus in der Cours des Girondins. Ein neues Kapitel wurde aufgeschlagen.

Im Bordeaux waren die 1990er-Jahre von widrigen Wetterverhältnissen geprägt. Am häufigsten endeten die Wachstumszyklen mit Problemen: Die Regenfälle Ende August und im September haben die Qualität des Rebensaftes zwar nicht ruiniert, aber doch ernsthaft beeinträchtigt. Die Weine hatten dann diesen „verwaschenen Geschmack", der die Lust auf die Verkostung nimmt. Um diesen ständigen Ärger zu vermeiden, sann eine Gruppe von Freunden nach möglichen Lösungen: Jean-Luc Thunevin im Château Valandraud, Jean-Louis Despagne im Château Tour de Mirambeau, die Familie Chastenet-Droulers in Carles und ich selbst in Fontenil. Nach zahlreichen Gesprächen wurde allgemein beschlossen, zwischen den Rebreihen Plastikplanen auszulegen, um den Boden abzudecken und das Eindringen von Wasser zu verhindern, das, wenn es von den Wurzeln aufgenommen wird, zu diesen nachteiligen Verwässerungen führt. Wir hatten riesiges Glück, denn zwischen dem 20. August, dem Tag, an dem die Planen ausgelegt wurden, und dem 27. September 1999, dem ersten Tag der Weinlese, fielen 150 Millimeter Regen!

Die Qualität der Trauben, deren Boden mit Planen abgedeckt war, stellte sich als deutlich besser heraus als die der anderen. Diese klare Tatsache reichte jedoch nicht aus, um zu überzeugen. Im Jahr darauf legten wir die Planen zur Sicherheit erneut aus. Zwischen dem Auslegen und der Ernte: elf Millimeter Regen. Unsere hoffnungslos bürokratischen Beamten mit Weitblick warfen uns vor, „das Gebiet zu verändern", und verpflichteten uns, auf die Appellation zu verzichten. Daher stellten wir Tafelweine her. Diese Strafe, die jeglicher Logik entbehrte, inspirierte uns. Wir tauften unsere Weingüter *L'Interdit de Valandraud*, *La Preuve par Carles* und *Le Défi de Fontenil*[44]. Die Gewerkschaft von Bordeaux war vorausschauender und lehnte es ab, Jean-Louis Despagne zu bestrafen. Er war deswegen fast frustriert: Der Kampf gegen die albernen Vorschriften verstärkt die Überzeugungen.

Verständnis und Verwaltung passen nur schwer zusammen. Das ist bedauerlich, denn es gäbe in unserem schönen Frankreich so viel zu tun. Es erinnert mich daran, dass ich bei einer Tischrunde von Jägern von meinen Streitereien mit der Lebensmittel-Aufsichtsbehörde INAO berichtete. Als das Essen beendet war, lösten sich die Zungen und es fielen sarkastische Bemerkungen über die Unfähigkeit unserer Technokraten. Einer meiner Freunde fragte süffisant: „Warum nennst du deinen Wein nicht *Les bâches folles*[45]?" Nur der Anstand und der Respekt unseren befreundeten Weinerzeugern gegenüber hielten mich zurück, ich wollte schließlich nicht zu ihrem Dilemma beitragen.

Ende 1998 fing ich in der Appellation Pauillac an. Alfred Tesseron hatte mich gebeten, ihn in Pontet-Canet, einem Deuxième Cru Classé und einem bezaubernden Gebiet, zu beraten. Der Beginn einer schönen Geschichte. Mit dem Besitzer und Jean-Michel Come, dem technischen Leiter des Weingutes, wollten wir den Weinberg analysieren und die Weinkeller restaurieren. In der Folge wurden die Anlagen verändert und auf Biodynamik umgestellt. Pontet-Canet wurde innerhalb weniger Jahre zu einem der am meisten umworbenen Weine am Marktplatz Bordeaux und auf den Weltmärkten.

Das einzige bedauerliche Ereignis des Jahres: Der Hagel Anfang September verursachte erhebliche Schäden bei 17 von mir betreuten Weinen in Saint-Émilion. Ein unglaublich heftiges Gewitter verwüstete den Weinberg. Die Anzahl an Trauben wurde erheblich reduziert, aber die Qualität war gerettet.

Das Jahr 2000! Was hatten wir nicht alles über das Jahr mit dieser magischen Zahl gehört! Es wurden alle möglichen Hypothesen aufgestellt, eine verrückter als die andere. Es wurde geredet. Zu viel. Man sah sich als Visionär, aber man weiß ja, dass Visionäre überhaupt nichts sehen. Nur eine Prophezeiung trat ein: Der Champagnerkonsum nahm zu. Der Übergang ins neue Jahrtausend war etwas Besonderes. Die Nacht vom 31. Dezember glich aber der Nacht davor.

Saint-Émilion konnte den Hagel des Vorjahres nicht vergessen. Ich beschloss, eine Blindverkostung mit 34 Weinen zu veranstalten: 17 Weine, die vom Hagel geschädigt worden waren, und 17, die verschont geblieben waren. Alle Winzer kamen. Wir gaben ihnen einen Umschlag, in dem sich ein Zettel mit der Nummer ihres Weines befand. Das war die einzige Information, die sie hatten. Die „Hagelweine" von den „Nicht-Hagelweinen" zu unterscheiden war nicht einfach. Sie fuhren beruhigt wieder ab. Nur die Rebensäfte der Weingüter, die sich „im Auge des Zyklons" befunden hatten, hatten etwas rauere und trockenere Tannine, was charakteristisch für diese Plage ist.

Diese Initiative war dennoch wichtig für die Vorbereitung der Verkostungen im März, an denen die hoch verehrten Kritiker des Planeten, darunter Robert Parker, teilnahmen. Eine der letzten Verkostungen, die der Tradition entsprechend durchgeführt wurde: Wir probierten die jeweiligen Appellationen nacheinander in den verschiedenen Châteaus. In jenem Jahr begannen wir mit den Pomerol-Weinen im Château Rouget, den Grands Crus und den Grands Crus Classés im Château Figeac. Monsieur und Madame Manoncourt, die Besitzer, empfingen uns sehr herzlich. Ich erinnere mich noch an ihre Aufmerksamkeit: ein herrlicher Wein von 1947, im richtigen Augenblick dekantiert und bei dem bei uns in Fontenil von Dany zubereiteten Mittagessen serviert. Nach dem Essen verkosteten wir die Fronsac-Weine und die Weine aus Lalande-de-Pomerol. Dann gingen wir ins Labor und verkosteten die Proben von den anderen Appellationen. Ein anstrengender, aber lehrreicher Tag.

Das Ritual wurde eingestellt, als Robert Parkers Mitarbeiterin im Bordeaux selbst die Treffen ihres Arbeitgebers organisieren wollte. Die Folgen sind bekannt: Sie schrieb ein Buch, um die Parker-Methode anzuprangern. Noch eine Verfechterin der Gerechtigkeit, die vom Recht eingeholt wurde. Ich komme später noch einmal darauf zu sprechen. Eine einzige, bedrückend wahre Schlussfolgerung: „Die Leute rächen sich für die Dienste, die man ihnen leistet."

Die önologische Beratung im Weinbau wurde 2000 ausgeweitet: Erst hatten wir drei Mitarbeiter, dann fünf, dann bald sieben: Christian Veyry, Jean-Philippe Faure, Steve Blais, Mikael Laizet, Bruno Lacoste, Julien Viaud und Thierry Haberer. Dank ihrer Unterstützung konnten wir einen auf die Winzer abgestimmten Dienst anbieten und sie bei ihrer Entwicklung bestmöglich unterstützen. Ebenfalls 2000 wurden die Ziele wirklich erreicht und man verstand endlich die unausweichliche Notwendigkeit einer ständigen Verbesserung der Qualität – etwas, mit dem man sich erst seit relativ kurzer Zeit beschäftigte. In jenem Jahr wurde ich anlässlich des berühmten Verkaufs der Hospices de Beaune am dritten Novemberwochenende zu einer von Marc Rougeot[46] organisierten Vertikale[47] von La Tâche geladen. Eine zauberhafte Verkostung. Wenn Weine eine solche Komplexität erreichen, tun sie einem einen Gefallen. Absolute Meisterwerke. Ich hatte solch ein Glück. Zwei Jahrgänge haben sich mir eingeprägt: 1971, vollendete Finesse und Eleganz, und 1959, dessen beeindruckende Dichte begeistern musste. Wir beendeten dieses letzte Jahr des zweiten Jahrtausends mit einer Reise nach Argentinien, wo wir Weihnachten feierten.

Im Januar 2001, in New York, ernannte der *Wine Enthusiast* zum ersten Mal den Önologen des Jahres. Ich war wahrscheinlich der Älteste auf der Liste und hatte die furchtbare Ehre, ernannt zu werden. Das Alter bringt nur Beleidigungen mit sich … In Argentinien weihte ich mit meinem Partner Pascal Chatonnet das Labor in Luján de Cuyo ein. Ein einzigartiger Tag, denn ich fühle mich diesem Land so sehr verbunden. In jenem Jahr beriet ich die meisten Weingüter. Fragt man mich, wie viele Weingüter ich betreue, antworte ich immer, um die 100, aber 2001 waren es weit mehr.

Im Bordeaux lieferten zwei Ereignisse Gesprächsstoff. Das erste war der Kauf des Château Lascombes durch Colony Capital, über Vermittlung von Yves Vatelot, dem Besitzer des Château Reignac. Ich erinnere mich noch daran, dass die ebenso dummen wie unangebrachten Kommentare sich schnell in unserer kleinen Welt verbreiteten. Ich wünsche dennoch allen Schönrednern, die nur geschwollen daherreden können, dass sie in ihrem Geschäft innerhalb von zehn Jahren einmal einen solchen Gewinn erzielen.

Das zweite Ereignis, das hinlänglich kommentiert und schlecht gemacht wurde, war das Entrappen von Hand. „Hirnrissig", „verrückt", „Marketinggag" hörte man. Die Formulierungen fehlten jenen, die sich das Denken verkniffen. Das bekannte, aber nicht genutzte Verfahren wurde nach einem Gespräch mit Bernard Magrez erneut eingesetzt. Dieser hatte mich gefragt: „Was könnte man tun, um die Weine vom Château Pape-Clément zu verbessern?" Neben der üblichen Antwort, der Empfehlung, die Führung des Weinbergs zu vervollkommnen, um bessere Trauben zu erhalten, erklärte ich ihm: „Ideal wäre, die Weinbeeren vorsichtig vom Gerüst zu lösen und in den Tank zu legen." – „Das machen wir!", sagte er sofort. Dieses Verfahren bietet zahlreiche Vorteile: kein Zerreiben der Trauben, keine Oxidation, da die Beere ganz bleibt. Das klassische Sortieren führt zu einem Verlust von 3 %, das optische Sortieren von bis zu 5 %. Diese Verfahren sind viel kostspieliger als Handarbeit. Aber auch hier brauchte es Jahre, bis das Offenkundige verstanden war: Weniger Handgriffe heißt weniger Minderung. Um eine optimale Qualität zu erreichen, dürfen die Früchte keinen nachteiligen Verfahren unterzogen werden, sodass sie ihr Aromapotenzial bewahren.

Im Jahr 2001 wurde in Long Island, an der Ostküste der USA, versucht, qualitativ hochwertige Trauben anzubauen. Dieser Plan ist gescheitert. Ich brauchte mehrere Weinlesen, um festzustellen, dass bestimmte Orte der Welt nicht geeignet sind, um außergewöhnliche Weine anzubauen, sondern diese nur zufällig hervorbringen. Und dennoch sagen manche immer wieder und voller Überzeugung, dass ich in der ganzen Welt Pomerol-Weine erzeuge! Mal im Ernst: Wegen der vielen verschiedenen klimatischen und mikroklimatischen Verhältnisse, der verschiedenen topografischen Gegebenheiten, der unterschiedlichen Sonnenbestrahlung und der diversen Bodenbeschaffenheiten sind ständige Überprüfungen nötig. Es gibt das, was man weiß, und vor allem das, was man nicht weiß. Vielleicht kann die Wissenschaft – in ein paar Jahrzehnten – unsere Lücken schließen.

KAPITEL III

Begegnung mit Robert Parker

„Die Lüge ist härter als die Wahrheit,
da sie die Erwartung erfüllt."
Hannah Arendt

Juli 1982. Ein ruhiger Sommernachmittag. Das Labor war verlassen. Im Sommer geben nur wenige Kunden Proben ab. Es klingelte: vor der Tür ein Pärchen. Die junge Frau sagte „Michel Rolland, bitte", in tadellosem Französisch, das dennoch keinen Zweifel an ihrer Staatsangehörigkeit ließ. Der freundliche Mann in den Dreißigern an ihrer Seite sprach kein Wort Französisch. Ich wiederum sprach Englisch nur unter Androhung von Folter. Die reizende Ausländerin war daher nachgerade dazu bestimmt, unsere Dolmetscherin zu sein. Ich erfuhr später, dass sie in Baltimore Französisch lehrt und Robert Parkers Ehefrau ist. Zu jenem Zeitpunkt hatte ihr Mann jedoch, so vertraute sie mir an, ein Problem: Er stieß auf die Herablassung der Besitzer aus der Gironde und konnte daher diese Bordeaux-Weine, von denen er so fasziniert war, nicht probieren. Die triste Sommerzeit machte alles noch komplizierter.

Dieser unbekannte Amerikaner, ein ausgebildeter Anwalt, war Mitglied eines Clubs, der Weinverkostungen organisierte. Nach jeder Verkostung verfasste er einen Bericht. Seine Niederschriften und Kommentare fanden bereits großen Anklang. Später veröffentlichte er sie im *Wine Advocate*, einer Fachzeitschrift für Weinkenner und -liebhaber in der ganzen Welt. Seit den 1980er-Jahren stieg die Anzahl seiner Leser stetig. Robert Parker beschloss, nach Frankreich zu fahren, um die Weinbaugebiete kennenzulernen und den Wein vor Ort zu verkosten. Die Hinterzimmer der Restaurants in Washington und Baltimore boten ihm keine idealen Voraussetzungen. In Frankreich öffnete sein Name allerdings noch keine Türen. Er hatte sich überlegt, dass er im Gespräch mit einem Önologen die Komplexität des Bordeaux besser verstehen würde und so Zugang zu bestimmten Weingütern bekommen könnte. Deswegen war er in mein Labor gekommen. Wahrscheinlich hatte er meinen Namen irgendwo aufgeschnappt. Das heitere Gespräch und seine treffenden Fragen reichten, um mich zu überzeugen. Natürlich stand es außer Frage, eine Person aus dem Ausland Proben verkosten zu lassen, die zu Analysezwecken abgegeben wurden und zwangsläufig kaum repräsentativ waren. Daher schlug ich ihm vor, zu mir ins Château Le Bon Pasteur zu kommen, wo wir den Wein aus den Fässern probieren könnten. Ich teilte der Laborantin meinen sofortigen Aufbruch mit.

So fuhren wir die kurvenreichen und sonnenbeschienenen Straßen in Pomerol entlang. Es war Juli 1982 und wir wussten freilich noch nicht, dass dieser Jahrgang entscheidend sein würde, sowohl für ihn, der der gefürchtete Kritiker werden sollte, als auch für seinen Gastgeber. Dank der Vermittlung von Frau Parker redeten wir zwei Stunden über den 1981er-Jahrgang, der noch in den Fässern war, und über das Gebiet Pomerol, auf dem Merlot und Cabernet Franc angebaut werden. Ich lernte einen begeisterten und neugierigen Menschen kennen. Er wusste bereits beeindruckend viel über Wein, deutlich mehr als diese Ignoranten von den Medien, denen ich bis dahin begegnet war. Am Ende unseres Gesprächs hatte ich ihm angeboten, im März des darauffolgenden Jahres weitere Verkostungen zu veranstalten.

Da sich mir durch mein steigendes Ansehen in Libourne manche Tür öffnete, würde Robert Parker nicht mehr unter der herablassenden Behandlung durch die Branche leiden müssen. Damals war ich beruflich noch nicht unterwegs. Meine Arbeit konzentrierte sich auf das rechte Ufer. Im Januar, Februar und März bereitete ich mit meinen beiden Mitarbeitern den Verschnitt und die En-Primeur-Verkostungen vor, die damals in kleinen Gruppen stattfanden. Heute ist es eine internationale Show, die ihren Charme verloren hat.

Im Folgejahr 1983 stellte ich, wie ich es Robert Parker versprochen hatte, die besten Weingüter jeder Appellation, die ich beriet, zusammen: Pomerol, Lalande-de-Pomerol, Fronsac, die Satelliten ebenso wie die Grands Crus und die Premiers Crus von Saint-Émilion. Die erste Auflage im Château La Dominique war unterhaltsam. Wir kamen um halb zwölf an. Einige Besitzer, die bereits da waren, zeigten dem amerikanischen Besucher nicht mehr die Zähne. Heute kämen sie alle, ob sie eingeladen sind oder nicht! Nach der Verkostung gingen wir in ein Café in Libourne, La Renaissance, um ein einfaches Sandwich zu essen. Wir, das waren Peter Griffith (Geschäftsführer von Premier Export), Dominique Renard (Geschäftsführer von Bordeaux Millésimes, Moueix-Gruppe), Bob Parker und ich. Einige Jahre später speisten wir pompös im Château Clément-Pichon, einem weiteren Weingut von Clément Fayat. Die Zeiten der schmalen Kost waren vorbei, die der Verkostungen begannen. Ich würde zu einem ihrer Hauptveranstalter.

Diese Primeurkampagne krönte Robert Parker endgültig. Die gesamte Presse war eher zurückhaltend, was die Qualität des 1982er-Jahrgangs betraf. Der damals einflussreichste amerikanische Kritiker, Robert Finigan, teilte diese Zurückhaltung, wohingegen Robert Parker seinerseits seine Begeisterung zum Ausdruck brachte. Ersterer leitete die bekannteste amerikanische Weinzeitschrift, *Robert Finigan's Private Guide to Wines*. Er urteilte, der 1982er-Jahrgang sei mittelmäßig, hätte keine Finesse und kein Alterungspotenzial – dabei war er es, der in seinem Beruf nicht alt würde. Das Urteil ließ nicht lange auf sich warten: Der eine sollte in Vergessenheit geraten, der andere würde erfolgreich werden.

Der *Wine Advocate* gewann immer mehr an Boden. Im März 1983 probierte Robert Parker die Weine von 1981 und 1982. Nicht gut benotet wurde der 1981er-Jahrgang, den ich immer noch interessant finde, der allerdings im Schatten des 1982er-Jahrgangs steht. Anders als von den Gossenjournalisten behauptet, betrieb Robert Parker nie Nepotismus. Diese erste Benotung ist der Beweis dafür: Zu Beginn 92 Punkte für Le Bon Pasteur, während andere Châteaus locker 95 von 100 oder sogar noch mehr Punkte erreichten. Sechs Jahre später erhielt Le Bon Pasteur endlich 97 von 100 Punkten. Manche Weine erhielten 100 Punkte und zeigen heute nur noch einen Abglanz der Grundlage ihrer Benotung.

Was haben wir seitdem nicht alles über Vitamin B, Netzwerke, finanzielle Begehrlichkeiten und die üppigen Festmahle von Herrn Parker gehört! Würde man es eigentlich wagen, Restaurantkritikern vorzuwerfen, dass sie feste Freundschaften mit den Küchenchefs pflegen? Ich bin mir da nicht so sicher. Es gibt zahlreiche Dummheiten, vor allem wenn es darum geht, jemanden schlechtzumachen, und manch einer stellt dabei einen seltenen Einfallsreichtum unter Beweis. So empörte sich ein Weingutsbesitzer aus dem Bordeaux, der von abstrakten Fragen genervt, vor allem aber wegen der mittelmäßigen Benotung seines Weines beleidigt war: „Wie kann Robert Parker verkosten, wenn er vorher Trüffel zu Mittag gegessen hat?" Der Gipfel der Dummheit wurde bei der Agostini-Affäre erreicht: Agostini war die Übersetzerin des *Wine Advocate*, die versuchte, im Bordeaux Unruhe zu stiften und ihren ehemaligen Arbeitgeber in Misskredit zu bringen. Sie kam schließlich vor Gericht[48]. Das Leben ist ja so gemein.

Mit Abstand betrachtet scheint mir ihr Mann, ein hochverdienter Juraprofessor an der Universität Bordeaux, viel sympathischer (Er liebte das Recht so sehr, dass sich die Gerichte schließlich für ihn interessierten). Nach der Mahlzeit angenehm angesäuselt, stimmte er mit halb geschlossenen und beinahe verdrehten Augen die größten Opernmelodien an. Sein Repertoire war umfassend. Er brauchte dazu nicht einmal von seinen Tischgenossen aufgemuntert zu werden. Sämtliche Weingutsbesitzer und die großen Händler vom Marktplatz Bordeaux stellten fest, dass sich die von Robert Parker mitgebrachten Chardonnays seltsam auf den Professor auswirkten. Alle, von der Verkostung angeheitert, waren sprachlos und keiner wagte es, einen Wettstreit mit dem Maestro zu beginnen.

Oh, süßer Zauber eines Abends, an dem die aufkeimende Vertrautheit die Ambitionen jedes Einzelnen zum Vorschein bringt … Wer sagte, dass Festessen im Bordeaux langweilig sind?

Das Phänomen Robert Parker war geboren. Manche sahen in ihm ein Geheimnis, andere einen Skandal. Sein Erfolg regte auf, war somit verdächtig. Die Gossenjournalisten hatten ihren Spaß daran, denjenigen fertig zu machen, der sich so sehr für die Weine aus Bordeaux und ihren Ruhm in der ganzen Welt einsetzte. Wer würde es wagen, das Gegenteil zu behaupten? Man sollte ihm eher eine Statue errichten als sich selbst dazu herabzulassen, solche Verunglimpfungen weiterzugeben. Zumal er stets seine Verbundenheit mit Frankreich und den Weinen von den Garonne-Ufern beteuerte: „Ich bin weiterhin der Ansicht, dass die Grands Crus aus dem Bordeaux der absolute Maßstab sind und man diese Finesse und diese Stärke nirgendwo sonst findet", erklärte er gegenüber einer großen französischen Wochenzeitung. Seine Redlichkeit? Er ist da, wenn andere verschwunden sind, und er genießt noch immer die Anerkennung der Branche.

Ich bin weiterhin davon überzeugt, dass Robert Parker sich durch seine Energie und seine Konzentration von seinen Kollegen unterscheidet. Noch heute kann er über Stunden pausenlos mehr als 200 Proben verkosten, ohne dass seine Urteilsfähigkeit nachlässt. Der Mann, der am meisten hofiert und am wenigsten unterwürfig war, ließ sich nicht fertigmachen: Er ist robust geblieben und reagiert auf Katzbuckelei genauso wenig wie auf Kritik. Man muss sehr auf sich selbst vertrauen, um seine Gegner und ihre Verleumdungen zu ignorieren. Dem Überlegenen gegenüber werden die meisten aggressiv und sehen nicht die harte Arbeit, die Erschöpfung und die Zweifel und auch nicht dieses so seltene Ding namens Talent.

Robert Parkers Talent lässt sich nicht leicht in Worte fassen. Meiner Meinung nach ist es eine Mischung aus Sensibilität, strukturierter Intelligenz und Erinnerungsvermögen. Seine präzisen, detaillierten und ausführlichen Parallelen überraschen und faszinieren. Vor mehr als 20 Jahren waren wir, an einem Märzabend, wie jedes Jahr zu einem Abendessen bei einem großen Händler aus dem Bordeaux eingeladen. Ich holte Robert Parker von seinem abgelegenen Hotel ab. Kaum hatten wir den edlen Innenraum betreten, hielten uns behandschuhte Hände ein Tablett mit Champagner und Sauternes hin. Wir hatten noch nicht einmal die Dame des Hauses begrüßt, da steckte Robert Parker seine Nase bereits in sein Glas mit den bernsteinfarbenen Reflexen. Mit erstaunlicher Sicherheit sagte er zu mir: „Das ist witzig, den habe ich erst letzte Woche bei Alexandre de Lur Saluces getrunken, das ist ein Yquem 1937!" Ich fragte bei unserem Gastgeber nach: Robert Parker hatte Recht. Ich war ebenso baff wie begeistert: Diesen Jahrgang hatte ich noch nie probiert. Während des Essens wurde ein anderer Wein serviert, wieder „blind". Der Farbe und dem Bukett nach offensichtlich ein alter Jahrgang. Der Experte überlegte und sagte dann: „Saint-Émilion 1964", und es war der Premier Grand Cru Classé vom Château Canon. Beim darauf folgenden Wein sagte er, nachdem er ihn etwas länger geschwenkt, eingeatmet und probiert hatte: „Lafite aus dem 1920ern." Und es war Lafite 1918.

Der Besitzer reagierte spontan: „Er ist heute Nachmittag in der Küche gewesen und hat gesehen, was serviert wird!" Er schaute wütend, nahm eine Karaffe, ging in den Keller und kam etwa zehn Minuten später wieder. Dann servierte er den geheimnisvollen Tropfen. Der amerikanische Kritiker dachte kurz nach und starrte dann den hiesigen Meister an: „Das ist wirklich nett, das ist ein sehr großer Bordeaux-Wein, den zu trinken man nicht oft die Gelegenheit hat. Château Calon-Ségur 1945." Er hatte Recht! Robert Parker war wie ein kleiner Junge, der seinen Gastgebern einen Streich gespielt hat. An diesem Abend war er unglaublich. Zwar hatte jeder Moment einen besonderen Reiz, er aber blieb bescheiden. Er war nicht die Sorte Mann, die sich wichtig nahm. Da ich das Glück hatte, mehrmals in seiner Gesellschaft zu Abend essen zu dürfen, sah ich ihn auch Fehler machen, was jedem von uns passiert. Ich sage es so oft: Der Unterschied zwischen den Guten und den Schlechten ist, dass die Guten sich nicht so häufig irren wie die anderen. Die Blindverkostungen sind die beste Erfindung des Bordeaux! Eine Übung in Demut, die die am stärksten gefestigten Gemüter verunsichert. Man muss sich daher ausreichend Distanz, aber auch Humor bewahren: Die Verkostung wird nie eine „exakte Wissenschaft" sein. So viele Variablen sind daran beteiligt. Es ist schwierig zu entschlüsseln, was man fühlt, und sich an das zu erinnern, was man geschmeckt hat.

Angesichts des Einflusses des „Verkostungspapstes", der den guten Ruf auf einen Schlag vernichten konnte, hätten sich manche ein „Gegengift" gewünscht. Aber der Mann – muss das eigentlich gesagt werden? – ist gar nicht giftig! Wenn es bis dahin noch keine Gegenmacht gab, so lag das einfach daran, dass sich ihm gegenüber niemand behaupten konnte. Andere, die seine „Hegemonie" ablehnten, brüsteten sich damit, nicht von seinen Bewertungen abzuhängen. Sie blieben allerdings spätnachts in der Leitung, wenn sie wussten, dass die Noten des letzten Jahrgangs verkündet werden sollten. So hatte der Manager eines großen Châteaus, der nicht beim *Wine Advocate* anrufen konnte, weil er durch ein Abendessen verhindert war, seinen Önologen gebeten, ihm die Ergebnisse mitzuteilen. Dieselbe Person hatte ein paar Tage zuvor noch in einer großen Tageszeitung verkündet, nicht nach Parkers „Herzschlag" zu leben. Er hatte hinzugefügt, dass der Mann „einen großen Fehler hat: Er ist allein". Es stimmt, viele hätten sich gewünscht, ihn vom Thron zu stoßen, aber – ich sage es nochmals – niemand beherrschte das Thema so wie er. In unserer Presse ist regelmäßig zu lesen, dass Jacques Dupont „der Anti-Parker" ist. Dieser Wille, sich „dagegen" zu stellen, hat dazu geführt, dass der Kritiker der Zeitschrift *Point* und viele andere Fehler begangen haben. Der Schlimmste: zu glauben, ihm Konkurrenz machen zu können.

Einige behaupten mit einer seltenen Dummheit, dass die Winzer sich „seinem Geschmack untergeordnet" hätten, um die Gunst des Meisters zu gewinnen. Das ist eigentlich unmöglich. Man macht keinen Wein, um jemandem zu gefallen. Das Besondere hängt vor allem von der Gegend und von der Rebsorte ab. Und jene, die „den Parker-Geschmack" nicht mögen, müssen ihm nicht ihre Proben vorlegen. Witzig: Ich habe nie Kritik von den Besitzern gut bewerteter Weine vernommen.

Parker seine parteiischen Kommentare vorzuwerfen und die Unabhängigkeit seiner Urteile anzuzweifeln, ist kaum sinnvoll, wenn man weiß, dass er fast 700 Bordeaux-Weine verkostet. Nicht alle werden benotet, manche werden abgelehnt, denn eines der Auswahlkriterien ist die Präsenz auf dem amerikanischen Markt. Es ist auch nicht seriös, sein Benotungssystem abzuwerten. Anfang der 1980er-Jahre musste alles, was mit Kritik und Benotung zu tun hat, erst noch erfunden werden. Über Wein wurde nur dürftig kommuniziert. Es gab nur grob strukturierte Schriftstücke, mit Sternen oder Gläsern verziert. Robert Parker hat das amerikanische Benotungssystem mit 100 Punkten eingeführt. Durch diese breite Skala, im Vergleich zu unserer mit ihren 20 Punkten, wird das Fehlerrisiko verringert. In dem Anspruch, zuverlässig und genau zu sein, ist vorgeschrieben, jeden Jahrgang zweimal zu verkosten: Die erste Verkostung erfolgt zur Zeit der Primeurweine, das heißt sechs Monate nach der Lese, und die zweite nach der Flaschenabfüllung. Derselbe Jahrgang erhält somit zunächst eine Note innerhalb einer Bandbreite (z. B. 90–92) und schließlich eine Endnote mit einer einzigen Zahl.

Vergessen wir jedoch nicht, dass die Weinpresse, die bis dahin von den englischen Kritikern beeinflusst war, sich in Spekulationen verlor, das Wesentliche vertuschte und in abgedroschener Lyrik außer Atem kam. Man nahm damals die Schrift von Parker als Kränkung wahr, ohne zu verstehen, dass sie das notwendige Gegengift für das unklare Geschwafel war, dem der Weinliebhaber nicht entnehmen konnte, ob der Wein gut oder schlecht war. Man verzeihe mir mein ungehobeltes Benehmen, aber die Dinge sollten genauso einfach sein. Journalisten vergessen zu oft, dass diese Klarheit ein höflicher Dienst am Leser ist.

Andere wiederum bemühen sich, dass entdeckerische Talent, das Robert Parker zu Anfang seiner Karriere unter Beweis gestellt hat, zu verschweigen. Er stellte unbekannte Weine über verdiente und begrüßte die Initiativen kleiner Besitzer wie Garcia und Thunevin, dem der unfreiwillig komische Spitzname Tue-le-vin (Töte den Wein) verliehen wurde. Viele bezeichneten es als Sakrileg und behaupteten, er habe den Verstand verloren. Er hat jedoch manche Châteaus, die ihrer vergangenen Größe nachträumten, aus ihrer Starre befreit. Für Robert Parker führen Einstufung, Legende und Renommee nicht zu einer Sonderbehandlung und reichen nicht aus, um die Erstklassigkeit eines Weines zu bestimmen. Solcherlei Intuitionen und Anforderungen können nur die Mittelmäßigen ärgern.

Andere Angriffe scheinen mir genauso sinnlos, zum Beispiel der Vorwurf, Spekulationsgeschäfte unterstützt zu haben. Romanée-Conti, der nicht oft positive Noten von ihm erhalten hat, ist dennoch weiterhin einer der spekulativsten Weine der Welt. Ist es Robert Parkers Schuld, dass seine Schriftstücke zu „Bibeln" wurden, in Katalogen erwähnt und bei prestigeträchtigen Verkäufen bei Sotheby's und Christie's genannt werden? Wenn es Betrug und Unehrlichkeit gibt, warum beziehen sich dann alle Weinkenner auf die Beurteilungen von Bob Parker? Liest irgendjemand auf der Welt Dupont? Warum muss Erfolg immer negativ bewertet werden? Wie bemerkte Charles Dantzig so treffend: „Die Journalisten hören nicht die Antworten, sie hören ihre Vorurteile."

Natürlich wurde alles über Robert Parker gesagt, natürlich müsste noch mehr gesagt werden. Denn Faszination schwindet nicht. Davon zeugt der hübsche Erfolg des 2010 veröffentlichten Comics *Robert Parker, les sept péchés capiteux*[49] (*Die sieben berauschenden Sünden*[50]) von Benoist Simmat und Philippe Bercovici mit dem Untertitel *L'Anti-guide Parker*. Die Geschichte? Der amerikanische Kritiker erscheint vor einem vermummten Gericht: Ihm wird vorgeworfen – übrigens sehr originell – „den Wein nach französischer Art umgebracht zu haben". Seine mutmaßlichen Komplizen, darunter natürlich auch ich, sitzen ebenfalls auf der Anklagebank. Zugegeben, über meine Person, die der Zeichner Philippe Bercovici genial skizziert hat, musste ich sehr lachen. Ich glaube, Robert Parker ging es genauso. Wir wussten beide, dass wir uns in schlechter Gesellschaft befanden. Die Autoren wussten wahrscheinlich nicht, dass wir nicht in guter Gesellschaft untergehen wollten. In einer Umgebung voller „Gutmenschen", in der man seine gute Seele und sein Leumundszeugnis vorführen muss, würden wir uns wohl langweilen. Wann kehren die öffentlichen Hinrichtungszeremonien zurück? Unsere Epoche giert wieder nach Hexenprozessen und erfindet die Dämonenlehre neu. Es werden schwarze Listen angelegt und nebulös die beste der Welten ersonnen.

Ich für meinen Teil applaudierte. Der Platz der Verdammten ist die Hölle. Kehrt man ihre Situation um und setzt sie ins Paradies, gerät die Gesellschaft ins Wanken. Das gute Gewissen der edlen Ritter auch. Robert Parker ist ein Verkoster, ein sehr großer, verdammter Verkoster. Verfluchen wir ihn also. Und sei es nur, um einen Tag lang die Freude zu haben, ihn aus der Hölle zu holen und ihm Gerechtigkeit ohne Reue widerfahren zu lassen.

Wie dem auch sei, Humor hat noch nie den guten Glauben verhindert. Werfen wir doch – für den Fall, dass Titel und Untertitel noch nicht deutlich genug sein sollten – einen Blick auf den Klappentext des besagten Comics: „Robert Parker, Schöpfer von Parker's Wein Guide, ist seit 30 Jahren der einflussreichste Mann in der Welt der Weine. Der ‚größte Verkoster der Welt' ist auch Hauptperson eines Systems, des ‚Parker-Systems', das erheblichen Einfluss auf die Bereitung der großen Weine und ihre Vermarktung hat. Diese gezeichnete Ermittlung – die allererste in Französisch zur ‚Parker-Connection' – zeigt den Teufelskreis auf, der einen begabten amerikanischen Verkoster zum Helfershelfer der Vereinheitlichung des Geschmacks und der irrsinnigen Inflation bei unseren schönen Weinen machte. Den ‚Prozess' von Robert Parker und seinen französischen Generälen abzubilden, ist eine Angelegenheit der öffentlichen Gesundheit! Die Standardisierung unserer Weine muss angeprangert werden, da unsere Weinbaugebiete eines der letzten Gebiete sind, in denen Frankreich herausragend ist."

Die Presse hatte wieder Grund zu feiern! Sie sah darin eine neue Gelegenheit, den amerikanischen Verkoster zu verunglimpfen: So lauteten die Titel „Die Fortsetzung von *Mondovino*" oder auch „Schonungsloser Angriff auf das Parker-System". Aber kein Journalist, nicht einmal der Drehbuchautor oder der Mitarbeiter von *La Revue du vin de France*, deckte auf, dass in der Schar der Korrumpierten eine Persönlichkeit fehlte, die Robert Parker nahe stand. Als ich 2010 im Hotel Bristol den Autoren einen Sonderpreis übergab, wollte ich dies den dort Versammelten unbedingt mitteilen. Der Zeichner kippte um. Hatte er Angst vor mir? Ich hatte nicht die Absicht, ihm etwas zuleide zu tun. Benoist Simmat hat mir gegenüber am Ende des Abends immerhin zugegeben, dass er seine Quelle nicht preisgeben könne. Wie im Film *Die Bestechlichen* verrät man den Maulwurf nicht. Muss man noch von einer „eingehenden" und „unbestechlichen" Untersuchung sprechen, wie es die Medien so gern wiederholt haben?

Aber stellen wir uns keine weiteren Fragen. Es gibt nur eine Antwort: Robert Parker, das sind 30 Jahre kritische Hegemonie in der Welt. Grund genug, diesen gesteigerten Blödsinn aus dem Weg zu räumen und jene im Schatten liegen zu lassen, die sich mit moralischer Befugnis ausgestattet glauben. Wenn das Thema weiterhin stört, so behält er seinen Einfluss. Talent muss wohl anstößig sein. Unsere „Endzeit"-Experten, die regelmäßig den „Fall" des „wichtigsten Mannes in der Welt der Weine" ankündigen, sind nicht gehört worden. Dieses Stück lebendigen Ruhmes sieht zu, wie jene verschwinden, die seinen Untergang vorausgesagt hatten und uns vor der „Ausgeburt des Bösen" retten wollten. Wie stellte Émile Cioran fest? „Nichts auf der Welt ist gewiss, nicht einmal das Ende der Welt." Um die Zukunft zu deuten, müsste man Chateaubriand sein. Da wir es nicht sind, sollten wir schweigen.

KAPITEL IV

Jonathan Nossiter, der globalisierungskritische Jansenist und seine Komplizen

„Wenn der Hass der Menschen keinerlei Risiko
für sie birgt, ist ihre Dummheit leicht überzeugt,
die Argumente kommen dann ganz von allein."
Louis-Ferdinand Céline

Im Jahr 2004 kam der Dokumentarfilm *Mondovino* in die Kinos. Ein weltweiter Erfolg und ein unglaublicher Wirbel. Die französische Presse regte sich auf, lobte den Mut des Aktivisten und bezeichnete ihn als Genie[51]. Der Kosmopolit Jonathan Nossiter, Teilzeit-Sommelier, Teilzeit-Filmemacher, Teilzeit-Schriftsteller, Teilzeit-Philosoph, prangert die geschickte Absicht der bösen Vertreter des Geldes an, die in der Welt der Weine ihr Unwesen treiben. Sie haben die Poesie, das Handwerk, die Authentizität getötet. Der brillante Geist begeistert. Und er begeistert noch lange. So ist noch am 25. April 2007 in der *Libération* zu lesen: „Was ist Intelligenz? Man weiß es nicht. Man weiß nur, ob sie da ist oder nicht, wie Liebe, Schönheit, Glaube. An diesem Freitagmorgen setzte sich die Intelligenz auf ein Sofa im Hotel im 6. Arrondissement. Wenn Jonathan Nossiter spricht, gestikuliert er viel, als forme er seine Idee mit den Händen, als streichle er sie und wende sie hin und her, um sie auf Schwachstellen hin zu prüfen. Er probiert sie wie einen Wein." Ich hingegen ziehe die Definition von Coluche vor, die sicherlich weniger majestätisch, dafür aber pragmatischer ist: „Intelligenz ist immer relativ, da man mit der eigenen die der anderen beurteilt."

Doch zurück zum Anfang. Dieser Amerikaner von der Ostküste, Sohn eines Journalisten von der *New York Times*, der mit der Elite der Intellokraten[52] verkehrte, wurde mir von meinem Freund Robert Vifian empfohlen, einem Kino- und Pomerolliebhaber, dem das vietnamesische Restaurant Tan Dinh in der Rue de Verneuil in Paris gehört. Warum sollte ich mich vor diesem großen, schlaksigen Jungen, höflich und gebildet und mit fast schon flehenden Augen, in Acht nehmen? Er wollte mich bei meinen Fahrten zu den Weingutsbesitzern, die meine Kunden waren, filmen, um die Ratschläge und die Techniken, die ich empfahl, zu verstehen. Also gut. Ich hatte nichts zu verbergen. Ich telefonierte mit meiner Sekretärin und vereinbarte einen Termin. Ich teilte ihm mit, dass die Zeit der Weinlese am besten geeignet wäre. Wir trafen uns am 14. Oktober 2002 morgens um halb acht im Labor, als ich mit meinen Besuchen begann. Er folgte mir den ganzen Vormittag und beschloss, die Dreharbeiten um 13 Uhr zu unterbrechen. Ich hatte ihm allerdings vorgeschlagen, mich am Nachmittag zu begleiten.

Am Ende wurden drei Aufnahmen ausgewählt. Bei der ersten sitze ich im Heck einer Limousine, das Telefon am Ohr, und weise meinen Fahrer unfreundlich an, *Le Figaro* und eine Schachtel Zigarillos zu kaufen – das volle Programm. In der zweiten sieht man mich eine arme Winzerin ausschimpfen und wie ein überreizter Hampelmann das Wort „Mikrooxidation" wiederholen, als handele es sich um einen Zauberspruch. Die letzte Aufnahme spielt in meinem Labor, wo ich unter dem Trommelfeuer der Fragen einige vernichtende Wahrheiten von mir gebe, die von dämonischem Gelächter unterbrochen werden. Darauf reduziert sich also meine Persönlichkeit, gehetzt und energisch, erbärmlich gegenüber den Kunden als auch dem Angestellten, widernatürliche Verfahren anpreisend, natürlich im Dienst der hegemonialen Absicht einer einzigen Weinkultur. Bald würde dies „Parkerisierung" genannt. Die Teufel wurden ausgemacht. Nossiter, der Rächer, war geboren.

Ist das die Wahrheit? Eine Klarstellung drängt sich auf. Falls es dem grenzüberschreitenden Intellektuellen nicht an Intelligenz fehlt, so fehlt es ihm doch aber an Redlichkeit. Er hätte in unserem Beruf nie Erfolg gehabt, bei dem wichtigtuerisches Gehabe immer einen Nachgeschmack hinterlässt.

Obgleich überall die Wahrheit verkündet wird, klingt alles in seinem von Groll verstrahlten Dokumentarfilm falsch. Wilde Schnitte, suggestive Einstellungen, aus dem Zusammenhang gerissene Bilder und Äußerungen lassen eine parteiische und politisierte Meinung durchsickern. Die wackligen Kameraeinstellungen, die dem Film einen Anstrich von Authentizität, etwas „Lebendiges" verleihen sollen, sind kaum zu übersehen. Die selektive Aneinanderreihung meiner Aussagen führt dazu, dass der Spott meiner Überlegungen völlig fehlt. Folge: Der Humor wurde durch einen streitlustigen Zynismus ersetzt.

Man kann jemanden düster oder strahlend darstellen, ganz wie man mag: Dazu muss man nur die Beleuchtung regeln. Jonathan Nossiter verstand sein Handwerk. Da er Beleuchtung von unten bevorzugt, wirke ich von mir selbst überzeugt[53] und abscheulich draufgängerisch, vor allem in einer Szene, in der ich mit dem Finger auf alle Länder zeige, in denen ich tätig bin: „Ich hoffe, dass auf dem Mond Wein angepflanzt wird und ich dort der erste Önologe sein werde." In einem Artikel rechtfertigt der Regisseur seinen getricksten Schnitt wie folgt: „Es ist eine Balzac'sche Sittenkomödie über die Mechanismen der Macht und ihre Auswirkungen auf den Menschen." Was für edle Ahnen er doch hat! Wir sind jedoch weit entfernt von der feinen Ironie des großen Literaten, der nicht zögerte, bestechlichen Journalismus zu kritisieren[54]. Die Ehrbarkeit des Regisseurs erinnert an jene von Cousin Pons, den ebenjener Balzac mit „einer Nase im Stil des Don Quixote" versehen hatte, die „eine angeborene, aber ins Närrische entartete Neigung zu großen Dingen" ausdrückt.

Eine weitere Unehrlichkeit: Mit der Winzerin, die ich grob zu behandeln scheine, bin ich seit 25 Jahren befreundet, Catherine Péré-Vergé. Ich kann mit ihr reden wie mit einer Schwester. Noch ein Detail: Normalerweise sitze ich in meinem Mercedes immer vorn, neben meinem Fahrer. An jenem Tag hatte ich meinen Platz dem Kameramann überlassen, damit er bequem filmen kann. Mein Fahrer, Thierry Chaillou, den man verzweifelt hinter dem Torgitter des Château Le Gay sieht, ähnelt überhaupt nicht der Person, die er eigentlich ist. Er lächelt, ist freundlich. Alle, die ihn getroffen haben, können dies bezeugen. Er selbst erkannte sich auch nicht wieder: „Schaue ich wirklich so traurig wie ein depressiver, geprügelter

Hund?" Er erinnert sich noch genau an die Dreharbeiten: „Wir hielten an, um *Le Figaro* zu kaufen, weil darin ein wichtiger Artikel über Wein stand. Depardieu? Davon war die Rede, weil er zu der Zeit in der Gegend war. Von den ‚Mikroblasen' sprach Monsieur Rolland in jenem Jahr zum ersten Mal. Das weiß ich, weil ich die meisten seiner Gespräche höre. Hätte sich Michel Rolland nicht für ihn eingesetzt, hätte er zu den meisten Weingütern nie Zugang bekommen, egal wo. Nach der Filmpremiere im Kino von Pessac dachte ich, er würde sich Nossiter vorknöpfen, aber er bändigte seinen Zorn und zog die ‚sarkastische Neuausrichtung' vor, wie er sagte." Aristoteles stellte dazu verbittert fest: Dankbarkeit altert schnell.

Der Filmemacher konnte beruhigt sein, denn selbst die zartesten Gemüter hatten verstanden: Die Gittersprossen, die man in der Aufnahme mit meinem Fahrer sah, symbolisieren die dichten Trennwände zwischen den Reichen und den Ausgebeuteten. Das ist schön, das ist ergreifend, aber das ist im Kontext nicht wahr. Schließlich kann man einen schlechten Wein „mikrooxigenieren", so oft man mag, er ist und bleibt ein Rachenputzer. Merkwürdig ist jedoch, dass in *Mondovino* nur eine Aufnahme von unserem fröhlichen Essen im Le Chanzy gezeigt wird, ein Restaurant in Libourne, geführt vom ehemaligen Sommelier vom Le Chapon Fin, einem Restaurant in Bordeaux. Aber Jonathan Nossiter wollte seinen Enthüllungsjournalismus am Nachmittag auch nicht fortsetzen. Es muss ein wunderbarer Fang gewesen sein. Warum sich mit weiteren Informationen belasten?

Um die Unehrlichkeit und Inkompetenz seines kritischen Urteils zu bestätigen, muss daran erinnert werden, dass die *Libération* nach dem Kinostart eine Blindverkostung veranstaltete, bei der die „kleinen Weine" der Gegend den großen Weinen des „Tandems Rolland-Parker" gegenübergestellt wurden. Wie schrieb Yves Harte in *Média*: „Raten Sie mal, was geschah: Die guten Weine waren jene, die in *Mondovino* verunglimpft wurden!" Vincent Noce, wieder von der *Libération*, berichtet von dieser „önophilen Verschwörung in der Burg von Saint-Émilion": „Im Schatten des Turmes, der den Weinberg überragt, zieht sich eine Versammlung von 25 Weinkennern und -liebhabern in das Hinterzimmer von Vignobles & Château zurück. Gegenstand der Verschwörung: gemeinsame Beurteilung der Weine, die in dem Film *Mondovino* genannt werden, diesem globalisierungskritischen Pamphlet und inbrünstigen Plädoyer für den kleinen Familienwein, der eine leidenschaftliche Debatte ausgelöst hat. [...] Gibt es wirklich eine Vereinheitlichung der Geschmäcker? [...] Die ‚*Mondovino*-Verkostung' wurde von Liebhabern organisiert, die eine Internetseite[55] betreiben und über die Heftigkeit der Polemik beim Filmstart verblüfft waren. [...] Die Stile der Weine, bei denen Michel Rolland als Berater tätig ist, schienen recht unterschiedlich. Der Mythos des ‚Rolland-macht-überall-den-gleichen-Wein' wurde auf jeden Fall ziemlich hart getroffen. Letztes Paradoxon: Der Pommard von Montille, dem *Mondovino*-Helden, ist schlecht weggekommen. Was zeigt, dass das Leben manchmal doch komplizierter ist ..." Die Messe war gelesen. Aber der Evangelist noch lange nicht entmutigt.

Ich muss einer anderen Wahrheit zu ihrem Recht verhelfen. In dem Dokumentarfilm wirkt Aimé Guibert von La Veyssière wie ein poetischer, heldenhafter Winzer, der der Invasion des amerikanischen Riesen Mondavi widersteht, welcher seine Weinberge schleifen möchte, um die Produktivität zu steigern. Wieder wurde die Realität etwas anders dargestellt, was mich mit den Zähnen knirschen ließ. Dieser wohlhabende Winzer aus dem Languedoc, dem Mas de Daumas Gaussac gehört, hatte einige Wochen zuvor versucht, mit dem amerikanischen Milliardär zu verhandeln. Ein Beben in der Stimme, bewegte Erklärungen zur Vereinigung von Himmel und Erde, frostige Weissagungen zu einer bedrohten Zivilisation, all das war nach dem Scheitern der Geschäftsverhandlungen. Es gab Daniel, Hesekiel, Jesaja, Jeremias, jetzt gab es auch noch Aimé Guibert. Wir bekommen die Propheten, die wir verdienen. Einen steinigen Weg entlangschreitend, der Tragriemen nachlässig von der Schulter gerutscht, erklärte er wie ein Überlebender der modernen Barbarei: „Wein ist Ausdruck einer fast religiösen Beziehung des Menschen zu den Elementen der Natur. Zum Immateriellen. Es ist eine poetische Aufgabe, guten Wein zu machen. Und jetzt wird sie durch Önologen ersetzt ...", und endet selbstverständlich mit: „Der Wein ist tot."

Das ist ergreifend, aber es stellt nicht die Persönlichkeit dar. Aimé Guibert kann so lyrisch sein, wie er mag, er schafft es nicht, seriös zu werden. Nur

Jonathan Nossiter tut so, als lausche er fromm seinen Tiraden. Der alte, so heimatverbundene Mann war der erste, der im Languedoc Cabernet Sauvignon angebaut hat, keine traditionelle Rebsorte der Region. Er war auch der erste, der sich von Professor Émile Peynaud, der bereits Berater der großen Châteaus im Bordeaux war, unterstützen ließ. Und der erste, der Marketingkampagnen in England durchführte, um für seinen Tafelwein Preise wie für Grands Crus aus Bordeaux durchzusetzen. Das Sprachrohr aus der Garigue flunkert gern und pflegt Paradoxien ebenso gut wie seine Weinberge, wie Olivier Torrès feststellt: „Mas de Daumas Gassac besitzt fünf Hektar am Fuße des Massivs, gleichzeitig hat Aimé Guibert stets den Anbau auf dem Massiv angeprangert. Laut einer Untersuchung von André Ruiz in der *L'Humanité* ‚würde der Widerstand der Familie Guibert durch eine einzige Sorge angetrieben: Verhindern, dass andere jetzt das tun, was sie vor fast 30 Jahren getan hat, als sie den Teil ihres Weinguts auf dem Massiv von Arboussas urbar gemacht hat'“[56]. Heute ist die beschwörende Verteidigung der Authentizität zum Lebensunterhalt von Aimé Guibert geworden. Aus seinem En-Primeur-Angebot 2011: „Unsere Philosophie … Wir lehnen die Industrialisierung des Weines, Klonen, Chemie, überzogene Erträge und industrielle Hefen, die den lebendigen und natürlichen Wein in ein ‚totes Industrieprodukt' verwandeln, ab." Aber all dies darf uns natürlich nicht daran hindern, Poeten zu bleiben!

Der unbescholtene Filmemacher machte Aimé Guibert jedoch zu seinem Sprachrohr, um seine binäre Vorstellung herunterzubeten: böser Önologe, guter Winzer. Man kennt das ja: Die Natur ist gut und zerbrechlich, der Mensch ist schuld. Der Schatten des Teufels schwebt über demjenigen, der die tausendjährigen Traditionen verhöhnt. Auf den Scheiterhaufen mit den Alchemisten! Und man hebe die schnulzigen Poeten in den Himmel! Philippe Chaudat betonte, dass „Tradition und Geschichte Werbeträger [geworden sind]". So ließ der stets inspirierte Aimé Guibert „in *La Revue du vin de France* eine Werbeanzeige mit folgendem Titel veröffentlichen: ‚Neueste Nachrichten von der großen Naturoper: Nordwind und Temperaturschocks'“[57]. Was für ein mitreißender Prosaschriftsteller! Man könnte fast vergessen, dass sich die Natur beim Weinbau als äußerst feindselig herausstellen kann. Wie hätte der Wein ohne Evolution und Fortschritt überleben sollen? Dieses gefällig rückschrittliche Gerede leugnet die

Errungenschaften der Wissenschaft. Noch mehr Dummheiten, die nicht einleuchten. Aber Nossiter, der Aktivist, hat vor nichts Angst, nicht einmal vor der Lächerlichkeit. Niemand kann ihn von seinen Überzeugungen abbringen. Er denkt. Besser noch, er hilft den anderen beim Denken.

Léon-Marc Lévy schrieb in seinem Artikel mit dem vielversprechenden Titel „Die Guten, die Rüpel und die Gauner"[58]: „Die Guten und die Bösen, das war zu Zeiten von Fort Alamo. Heutzutage ist es viel komplizierter. Zuallererst einmal ,vergisst' Nossiter die Schwächen seiner Helden. Seine künstlerischen Winzer, die die Gegend verteidigen, sind keine Engel. Die beiden Hauptfiguren, Hubert de Montille und Aimé Guibert, sind *gentlemen farmers*, Milliardäre, die ihre Erzeugnisse zu sehr hohen Preisen verkaufen (ein Volnay Premier Cru von Montille kostet, wenn er das erste Mal auf den Markt kommt, mindestens 60 Euro pro Flasche. Der Héraultwein Daumas-Gassac liegt bei mehr als 30 Euro pro Flasche!). Er ,vergisst' auch, dass die betreffenden Techniken (neues Holz, Mikrooxidation, Schwefelung usw.) in den meisten Weingütern der ,Guten' angewendet werden. Das gehört heute zu unserer Weinkultur! Und vor allem vergisst er zu erwähnen, dass die schlechten Weine von früher dank dieser Techniken fast verschwunden sind. Denken Sie an die 1960er- und 1970er-Jahre zurück: Languedoc, Côtes du Rhône oder Costières de Nîmes waren quasi synonym für abscheuliche Fusel von piepsigem Rot ohne Frucht, die Ihren Gaumen für lange Zeit abschreckten."

Nachdem der Dokumentarfilm – „Schmu-kumentarfilm" müsste ich eigentlich schreiben – gezeigt wurde, teilte ich meine Enttäuschung mit. Sie schlug bei mir sehr schnell in Zorn um. Der Regisseur gab mir diese erbauliche Antwort: „Ich hatte Sie gebeten, sich das Filmmaterial anzuschauen." Dies war das Zeichen seiner intellektuellen Ehrbarkeit. Mal im Ernst: Reicht es, sich die Notizen eines Schriftstellers anzuschauen, um seine Idee zu erfahren? Ist es ausreichend, einen Blick auf die Skizzen von Michelangelo zu werfen, um festzustellen, wo er schlecht gezeichnet hat? Weg mit diesem ganzen Schwindel! Der Mensch ist so gemacht: Er sieht nur, was er sehen will. Dieser parteiischen Logik entsprechend soll mit gelenkten, eintönigen Fragen erreicht werden, dass die Familien des italienischen Aristokraten oder des Händlers aus dem Bordeaux ihre dunkle

Vergangenheit während der deutschen Besatzung gestehen. Als unauffälliger Schatten hebt sich derselbe Wille ab, einen „Kryptofaschismus" anzuprangern, wie Jonathan Nossiter es bescheiden nennt. Sie müssen verstehen: Jene, die sich einen Önologen zur Seite holen, sind damit einverstanden, das Schlimmste zu unterstützen. Das erklärt er in *Télérama*: „In dem Augenblick, in dem alle erklären, mit der Art der Fehlerbeseitigung einverstanden zu sein, egal ob vom Wein oder vom Menschen die Rede ist, fällt man dem Faschismus anheim." Ebenso würden die Globalisierungsriesen die Besonderheiten der Gegenden töten, indem sie die Regale mit identischen Produkten überschwemmen. Aber auch hier sind die tatsächlichen Gegebenheiten des Marktes unendlich viel komplizierter.

Durch seinen Erfolg bestärkt und noch immer ohne Hemmungen, tauschte unser Sisyphos den Felsblock gegen den Stift und wollte Schriftsteller werden. Das tödliche Wasser des Narzissmus hatte ihn noch nicht mit sich gerissen. Ganz im Gegenteil: Er nahm den Samen und wusste nicht, wohin mit seinem Talent. Gibt es einen Bereich, in dem der Hyperaktive seine Fähigkeiten nicht demonstriert hat? In seinem Buch *Le Goût et le pouvoir* (*Geschmack und Macht*)[59], das vor Klischees und unnötigen, abgedroschenen Wiederholungen zur „Formatierung" des Geschmacks nur so trieft, setzte er seine Ermittlung, eher grausam denn gern, in den Kellern und Restaurants von Paris fort. Er hat seine Lieblingsthemen und seinen alles reinigenden Häcksler wiedergefunden. Um einen kleinen Einblick in die Eleganz zu geben, sei dieses Gespräch zwischen Jonathan Nossiter und Jacques Dupont angeführt, die ebenso gut gestimmt sind wie zwei Instrumente eines Kammerorchesters:
„Jaques: Stimmt es, dass Klagen gegen den Film angedroht wurden?
Jonathan: Mehrere, in mehreren Ländern … aber keine hatte Erfolg. Aus einem sehr einfachen Grund: Das auf dem Bildschirm ist durchschaubar.
Jacques: Michel Rolland ist auch auf mich sauer […]. Damals hat er kräftig dazu beigetragen, den Wein in die richtige Richtung zu verbessern. Heute wirkt er wie ein Kerl, der soziale Anerkennung benötigt und auf den Putz haut. Er ist wie viele andere Männer auch, wie Bernard Tapie und eine Reihe von Kerlen, die auf dem Pausenhof zeigen wollen, dass sie den Größten haben. Wir sind bei Gombrowicz, bei seinem Buch *Ferdyduke*, in

dem der Held als Erwachsener dazu verurteilt ist, seine Schulzeit noch einmal zu erleben."

Man verzeihe uns, dass wir den Genuss dieses anspruchsvollen Dialogs unterbrechen. Anmutig und feinsinnig, diese Geschichten über die „Größten". Dem werden alle zustimmen. Und man erwischt sich dabei, von anderen Kritiken zu träumen. Mehr noch von dem Vergnügen, von etwas Großem unterdrückt zu werden. Muss ich zum Arzt? Ich wusste gar nicht, dass ich an postpubertären Neurosen litt, genauso wenig wie ich wusste, dass Jacques Dupont ein scharfsinniger, gebildeter Psychologe war. Sollte ich wegen der schöpferischen Kraft von Le Point Komplexe haben? Ein furchtbarer Zweifel packte mich. Sollte ich ihm ein Lob aussprechen, diese tiefsinnigen Worte ausgesprochen zu haben? Hingegen eine Gewissheit: Der amerikanische Filmemacher hatte Nacheiferer gefunden oder vielmehr bediente er sich anderer, um einige weitere Bosheiten vom Stapel zu lassen. Ist das Intelligenz? Und ist vom Interesse der Liebhaber die Rede? Verunglimpfung der Einzelnen ist sicherlich nicht der beste Weg, um Zugang zum Wein zu bekommen. Wie erklärte Jacques Dupont in Choses bues[60] (Getrunkenes): „Unter dem Deckmantel des Humors […] lassen sich die schlimmsten Gemeinheiten als Witz verpackt äußern." Man braucht wirklich viel Humor, um seinen zu ertragen. Und ist himmelweit entfernt von der Brillanz eines Victor Hugo in Choses vues (Gesehenes)[61], der allerdings keine Rechtfertigung nötig hatte, um von seinem Talent zu überzeugen.

In seinem Buch, einer Art verbaler Schwangerschaft, geht Jonathan Nossiter in der Anprangerung einen Schritt weiter, weicht jedoch jeder Gegenexpertise aus[62]. Er produziert noch immer Klischees am laufenden Band, begnügt sich dabei aber damit, jene zu demütigen, die nicht seiner Meinung sind. Ab in die Versenkung mit allen Liebhabern von „gefälligen", „opulenten", „marmeladigen", „hochkonzentrierten", „aufgepumpten", „für den Wettbewerb und nicht für das Vergnügen gemachten" Weinen. Zum Teufel noch mal, wir hofften auf mehr Erleuchtung! Was ist Vergnügen? Was ist ein guter Wein? Da der Autor keine Antworten hat, flüchtet er sich feige in die Abstraktion. Daher diese Definition, die keine ist: „Die Schönheit des Weines ist darauf zurückzuführen, dass er uns auf eine Unzahl falscher Fährten führen kann." Nun los, verstehen Sie schon! Ungehobelt, wie ich bin, begreife ich die Feinheiten eines solchen Gedankens nicht. Aber der Evangelist hat andere gewichtige Argumente im Gepäck. Er ist ja auch ein lyrischer Poet, der dieses schöne Potpourri-Konzept über das Gebiet herunterrasselt[63]. Und noch immer dieser Vergangenheitskult, wie ein Geständnis der Ohnmacht: „Das Gebiet muss, um nähren zu können, eingegrenzt werden können, ohne abgeschlossen zu sein." Wunderbar vage Worte. Das Schlimmste ist, dass er die Soße durch die Ernsthaftigkeit, von der er sich nicht zu lösen vermag, noch schwerer macht. Dieser Herr hat keinen Sinn für Humor. Das ist seine andere Schwäche.

Aber lasst uns Luft holen. Die Debatte lüften, „oxigenieren", wenn ich das so sagen darf. Diese Propagandabotschaft, die von Jacques Dupont, Périco Légasse und so vielen anderen aufgegriffen wurde, besitzt eine Schwere, die sonst noch mehr beunruhigt. Beim Filmstart wurden die Journalisten unfreiwillig dazu getrieben, eine klare Position zu ergreifen. Nach dem Buch gehörten viele dem Hofstaat von Jonathan Nossiter an, wenige der Opposition. Es ist bekannt, dass die zahlenmäßig geringsten Stimmen auch die anfälligsten sind. Ich kann vollkommen nachvollziehen, dass man meine Weine nicht mag, wenngleich es auch nicht verboten ist, sie zu schätzen. Aber wenn die Kritik auf den Menschen abdriftet und seine berufliche und moralische Integrität in Frage stellt, sollte das Phänomen geprüft und angeprangert werden.

Ich bin dieser „symbiotischen" Vermischungen und der Botschaften mit dem Presslufthammer überdrüssig. So wird Geschmack kriminalisiert und politisiert. Man muss auf der Hut sein. Es fehlt nicht viel zur Umerziehung. Die Rotationspressen spucken das Gift genauso schnell aus wie die Tinte. Und dieser drohende Diskurs infiziert die Geister weiter. So gab im Jahr 2010 eine Grande Dame des französischen Chansons, die auch eine begeisterte Weinliebhaberin ist, in einem Interview für *Figaroscope* diese so wenig kühnen Worte von sich: „Ich hüte mich instinktiv vor dem, was Michel Rolland vermittelt." Zu ihren Lieblingsweinen befragt, gab sie dann an, Pape-Clément, Fombrauge, La Tour Carnet, Smith Haut Lafitte und Casa Lapostolle zu bevorzugen, also Weine, die ich seit Jahren betreue …

Ich schrieb ihr, um ihr dies mitzuteilen. Sie antwortete mir höflich. Am Ende des Briefes gab sie zu: „Ich weiß, dass der Film von Nossiter voreingenommen ist."

Welch vernünftige Entscheidung des Regisseurs und Schriftstellers, auf die uralte Angst vor der Invasion und dem Verlust den Identifikationsanker zu setzen! Er, der die unnatürliche Geschäftswelt anprangerte, hatte nun einen einträglichen Grund gefunden. Das „gute Gewissen" stellte sich als sehr rentabel heraus. All jene, die sich der Standardisierung des Geschmacks widersetzen wollten, konnten sich ihm anschließen und im Vorbeigehen seine Brieftasche füllen. Er war unentbehrlich geworden, er hätte uns durch eine geschickt inszenierte Pressekampagne davon überzeugen können: Fernsehen, Radio, Zeitschriften. Aber *Mondovino* war sein einziger Erfolg. Sein letzter Film *Rio, Sex Comedy,* blieb sowohl von den Zuschauern als auch den Kritikern unbeachtet, wobei Letztere schließlich realisierten, dass es dem Mann an Facettenreichtum fehlte[64]. Er war sein eigener Gemeinplatz geworden. Trauriges Schicksal für jene, die sich nicht ändern können und ihre Publizität auf Anprangerungen aufbauen. Zu Beginn sahen ihn die Leute so, wie er sich selbst sah. Am Ende hielten sie ihn für das, was er war. Im Übrigen spricht in der Weinbranche keiner mehr von ihm, auch in seiner Wahlheimat Brasilien nicht. Dies konnte ich bei einer Pressekonferenz feststellen, die ich 2010 in São Paolo gab. Er, der von sich als vielseitigem Mann träumte – Sommelier, Filmemacher, Schriftsteller –, lernte die schlimmste aller Grausamkeiten kennen: das Vergessen. Sollte die Intelligenz vom Sofa gerutscht sein?

Sofern sie sich nicht in seinen großen Formulierungen aufgelöst hat, die er meisterhaft beherrscht. In *Le Goût et le pouvoir* ist zu lesen: „Hier [ein Pariser Restaurant] forderst du die Menschen auf, an Freuden des erwachsenen Gaumens teilzuhaben, salzig, mineralisch, sauer, während uns die meisten zum kindlichen und zuckersüßen Geschmack leiten. Das ist Infantilisierung. Das ist Berlusconi, Bush, Sarkozy. Das ist die Demagogie des Leichten, des Kindlichen." Es lässt sich feststellen, dass die Dogmatik durch ein theoretisches Gedankengerüst gestützt wird, das genauso plump ist wie eine Bütte aus Beton. Da er auch noch den letzten Tropfen

Intellekt aus seinem Gerede presst, hat er es von jeglichem Sinn befreit. Er hätte sich den Satz von Stendhal zu eigen machen sollen: „Ich habe ein unglückliches Talent, meinen Geschmack zu übertragen."

Als großer Verbreiter mit Finessen vor dem Herrn kommuniziert er weiter große Wahrheiten wie Leberzirrhose. Aber Wein erschließt sich ihm nicht. Je mehr man liest, umso besser kann man abschätzen, auf welch geschwätzigen, unwissenden und eingebildeten Grund sich seine Argumentation stützt. Das Publikum der Weinliebhaber – daran muss erinnert werden – besteht aus den unterschiedlichsten Einzelpersonen. Sich auf einen einzigen Geschmack zu berufen, hier dem der Säure, hieße in Erwägung zu ziehen, dass eine globale Wahrnehmung der Gruppe besteht und die Unterschiede zum Schweigen, also zum Tod zu verurteilen. Wer würde sich außerdem darüber beklagen, die Kindheit zu schmecken? Es ist schön, wenn Erinnerungen der Vergangenheit aus dem Wein zu schmecken sind. Bei der Verkostung lauern immer Reminiszenzen, egal ob an die Kindheit oder an andere Zeiten. Sollte Vergnügen verwerflich und guter Geschmack Privileg der Besserwisser sein? Nur die Öffentlichkeit entscheidet und trinkt die Weine. Lasst uns keine Argumente suchen, riet schon Molière, um uns am Genießen zu hindern.

Die Schnelligkeit der Vollstreckung von Urteilen ist so unbedeutend angesichts der geduldigen Ausbildung zum Önologen und den 35 Jahren Berufserfahrung, Tag für Tag. Schade, dass Eifersucht Kompetenz nicht ersetzt! Der globalisierungskritische Jansenist in seinem Elfenbeinturm bewundert nur sich selbst. Ein wenig Bescheidenheit wäre geboten. Er gehört zu jenen Journalisten, die, sofern sie nur eine Kamera oder einen Kugelschreiber haben, angeblich unsere Schandflecken und unsere tadelnswerten Absichten aufdecken, wobei sie wissen, dass ihre Zielscheiben keine Bühne haben, auf der sie auf ihre Angriffe reagieren können. Sie wissen sehr wohl, dass ihre Macht genauso gefährlich ist wie die, die sie angeblich anprangern. Diese plumpen Ankläger wiederholen, was sie zu glauben wissen. Und darin liegt die Gefahr. Aber, beruhigen wir uns, die sich auf Tatsachen stützenden Wahrheiten sind immer stärker als die auf Meinungen basierenden Wahrheiten, die Selbstverleugnung ist weniger mächtig als die Chemie.

Sie züchten mehr Gehässigkeit als Tugendhaftigkeit und besitzen so einen Einfluss, der weit über ihre Befugnisse hinausgeht, den zu bewahren sie sich aber bemühen, meist, indem sie Empörung und Angst schüren. Diese Kriegsprediger spielen sich als Führer auf, obgleich sie nichts oder fast nichts von dem Beruf wissen, wie der tragikomische Versuch von Périco Légasse zeigt. Dieser ehemalige Fahrer, der zum Restaurantkritiker wurde, hatte vor Kurzem die Anwandlung, Wein herzustellen. Im Jahr 2010 brachte mir ein Praktikant in unserem Labor ein paar Weinproben, die von „unserem lauten Medienstar" hergestellt worden waren. Auf der Suche nach Informationen las ich in einer Zeitung: „Seit mehreren Jahren will die Stadt den Wein in Suresnes wieder zum Leben erwecken, möchte jedoch nicht, dass diese Aufgabe wie beim Montmartre zur Folklore verkommt. Zur Förderung der Weinproduktion holte sich die Gemeinde Unterstützung von großen Namen. Der große Restaurantkritiker Périco Légasse ist mit der Weinbereitung beauftragt."

Wenn er etwas gefördert hat, dann sicherlich nicht den guten Geschmack. Eine echte Katastrophe! Zwischen Gerede und Methode liegt häufig ein tiefer Graben. Weinbereiter wird man nicht an einem Tag. Unser launenhafter *Feind-der-Vermarktung-und-der-Globalisierungs*-Husar, der von seinem Ruhm und seinen schönen Überzeugungen getragen wird, spürte, wie ihm Flügel wuchsen. Aber sein Gesöff zog mir die Schuhe aus. Damit macht man einen Gewohnheitstrinker abstinent! Wer würde es riskieren, diesen Rachenputzer zu trinken? Schuster, bleib bei deinem Leisten! Ich habe so viele Menschen getroffen: Ihr hartnäckiger Wille, Weine zu verschneiden, hat mich immer amüsiert. Sie sollten sich nicht in das einmischen, von dem sie keine Ahnung haben. Mir kommt dieser Gedanke von Walpole in den Sinn: „Die Welt ist für den Denkenden eine Komödie, für den Fühlenden aber eine Tragödie." Und für die Schmeckenden, sollte man noch hinzufügen!

Um glaubwürdig zu sein, reicht es aber nicht, den Betrug anzuprangern. Périco Légasse hat weiterhin eine kleine Besonderheit entwickelt: dramatisierende Anklagen. Im Radio, im Fernsehen, sobald sein Halfter gelockert wird, springt er, knurrt er, stöhnt er. Wahrscheinlich ist er überzeugt, dass er sich nur Gehör verschaffen kann, wenn er sich windet. Die Soße wird schnell sämig, aber die Heftigkeit verbirgt die Unwissenheit nur schlecht. Fast wären seine önologischen Ratschläge Lebensberatung geworden. Wie ein in der Apokalypse strahlender Reiter ist er immer bereit, in den Kampf zu ziehen, um die Menschheit vor den „Schwindlern" zu retten. Immer Verzweiflung, Katastrophen, abgedroschene Geschichten. Wie beruhigend, dem unerschöpflichen Wohlwollen unseres permanenten Aufständischen überlassen worden zu sein, der sich am Drama erfreut, wie sich andere am Taktgefühl erfreuen. So überschrieb Périco Légasse nach der Giscours-Affäre[65] seinen Artikel vom 22. Juni 1998 in *Marianne* mit: „Sind im französischen Wein noch Trauben?" Das ist mal eine Frage, die einen im Innersten trifft und die Seele aufwühlt. Sein Geschick als von Panik ergriffene Kartenlegerin ist zu beneiden.

Der unbelehrbare Ankläger setzt seine dramatisierende Beschimpfung fort (es ist gar nicht so leicht, so viele noble Substantive wie er zu verwenden): „Der Weinbau wird gerade zu einer Industrie [...], er geht daran ein, da er sich den Gesetzen des Marketing und der Förderung beugt." Die Önologen sind diese „Schwindler", die durch ihr Tun Schuld sind an der „Verarmung der Böden in Folge der langen und ständigen Vergiftung der Weinberge durch Agrarchemie", dem „Übermaß an Techno-Mechanisierung der Kulturen und der Weinbereitung", „den Methoden des Klonens, des Zauberlehrlings". Dieser Meister der Worte begeistert uns immer weiter mit seinem Wissen. Wie soll man all dieser Weisheit widerstehen? Für die Weinkenner ist dieses geschraubte Gerede unseres neuen intellektuellen Sterns jedoch nur grotesk. Er hat den Mangel der Schönredner, die viel und unnötig und immer wieder am Thema vorbeidenken. Aufrührerische, einfache, falsche Worte: Die Önologen waren nie Fans der Agrarchemie und tragen keine größere Schuld an der angeblichen Vergiftung als am Klonen. Letzteres wurde vom INRA, dem französischen Institut für Agronomieforschung, entwickelt, um die durch Viruserkrankungen verursachte Degeneration des Pflanzenmaterials zu bekämpfen, derentwegen die Ernten vom Zufall abhingen oder von geringer Qualität waren. Diese kalte Beschuldigung stützt sich auf keine Wahrheit: eine vorgetäuschte Wut, die einen Sündenbock sucht. Wie sagte Denis Jeambar: „Bei dem da ist die Hinterlist nicht einmal eines Scapins würdig." Es ist festzustellen, dass sich die Schwülstigkeit der Person sogar aus ihrer Schreibweise herauslesen lässt. Würde der Wein uns immer in den Zufall leiten, hätte sich unser armer Mann, so schockierend unschuldig, verirrt. Man möge uns bitte verschonen! Er hätte uns fast überzeugt, zu trinken wie zu Noahs Zeiten … Was für ein Mann wäre er gewesen, hätte er schreiben können! Er hätte sowohl die Welt der Buchstaben als auch die Welt der Weine revolutionieren können. Unterdessen jedoch, schlaft, schlaft, liebe Leute, der Rülpsende wacht …

Viele Kritiken wurden zu „Glasscheiben". Man sieht Jonathan Nossiter dahinter. Eine fragwürdige Anwerbung. Würde das Glöckchen schwer vom Hals der Schäfchen abgehen? Sollte Talent ansteckend sein? Der Fall des amerikanischen Filmemachers und seiner Helfershelfer ist interessant, weil symptomatisch für eine geistige Verfassung[66]. Lang ist die Liste dieser Artikel, die nur einfache und grobe „Kriminografien" sind, in denen die Weine und das Leben des Ideengebers vielmehr– wie eine Akte in einem Richterzimmer – *untersucht* als einer ästhetischen Beurteilung unterzogen werden, um schließlich im Namen einer oberflächlichen und binären Moral abgelehnt zu werden. Es ist dieser pedantische Geist, der das Problem unserer Zeit darstellt. Was versucht man über meine Verurteilung zu verurteilen? Die Besserwisser sind mir durch den Platz, den sie in den Medien einnehmen, durch ihren selbstsicheren Tonfall, wenn sie sich zu Dolmetschern der Öffentlichkeit machen, unerträglich geworden[67]. Diese scharfen Kritiker der Einfachheit und der „Infantilisierung" mehren die Warnhinweise, indem sie auf „opferfreundlichen" Terror setzen und faktisch versuchen, die Verbraucher an der Leine zu führen und ihre Entscheidungen zu lenken. Gerade so werden sie doch aber als unreif betrachtet.

Es bleibt jedoch eine Wahrheit: Die Kritiker urteilen, die Verbraucher entscheiden. Ich habe ihnen nie einen Revolver an die Schläfe gehalten, um sie zu zwingen, meine Weine zu mögen! Wie kann man annehmen, dass ich der Handwerker der Vereinheitlichung bin, wenn ich weniger als 0,1 % der weltweiten Produktion vertrete? Wer könnte – bei sieben Milliarden Menschen – behaupten, dass es keinen Platz für jede Handschrift gibt? Aber der Erfolg bedeutet zuerst „Kastration". Deshalb reden manche Journalisten klein, kritteln, tun sich hervor. Ich habe weltweit zu viele Kunden, ich bin zwangsläufig unehrlich. Die Gleichung ist einfach.

Meine Terminplanung macht schwindelig: Ich bin ein „Marketingstratege". Lasst uns keine weiteren Erklärungen suchen. Schlechtmachen, das muss reichen. Der verzeihliche Groll ist banal geworden.

Thomas Hardy schrieb von den kleinen Ironien des Lebens. Derjenige, der sich entschieden hat, mich und meine Tätigkeit als Önologe zu karikieren, hat absurderweise viele von der Effizienz meiner Arbeit überzeugt. *Mondovino* war dermaßen übertrieben inszeniert, dass es den gegenteiligen Effekt dessen hatte, was sich Jonathan Nossiter vorstellte: Der Film hat mir viele Sympathien gebracht.

Seine anderen Ablehnungen scheinen mir genauso unbegründet. Der feinsinnige kosmopolitische Verkoster vergleicht weiterhin plump Weine aus dem Burgund mit opulenten Bordeaux-Weinen. Die Geschmäcker sind verschieden, „außerdem hatte dieser Hahn guten Geschmack", wie Claude Nougaro sang. Er gerät über die Weine der Côtes du Rhône in Verzückung, die „eine gegensätzliche, zumindest mehrdeutige Wahrnehmung" bieten und uns „in die Welt von Mallarmé, Ezra Pound oder Fragmenten griechischer Lyrik" entführen. Nichts weiter! Man staunt, dass man sich nicht an eine solche Parallele wagte. In meinen Augen ist es genauso treffend, Weine aus dem Burgund Bordeaux-Weinen gegenüberzustellen, wie Mozart Beethoven. Beide Musiker waren genial, aber der eine kann einem besser gefallen als der andere. Genauso gibt es absolut beachtliche Weine aus Pinot-Noir-Trauben, wie wir im Bordeaux göttliche Tropfen aus dem Verschnitt von Merlot, Cabernet Sauvignon und Cabernet Franc haben. Émile Peynaud hatte uns gewarnt: „Beim Geschmack wäre man zu Unrecht kategorisch."[68]

Man kann sich sogar eine glückliche Verlobung zwischen Burgund und Bordeaux vorstellen. Im Jahr 2005 belebte ich mit meinem Freund Michel Chapoutier, einem Weingutsbesitzer in Côte-Rôtie, zu karitativen Zwecken das wieder, was man im 19. Jahrhundert „Bordeaux Hermitagés" nannte. Wir stellten einen Wein her, der zur Hälfte aus Ermite de l'Ermitage und zur Hälfte aus Château Le Bon Pasteur bestand. Insgesamt 600 Flaschen M^2 (M-Quadrat), die Verbindung der Anfangsbuchstaben unserer Vornamen. Hochzeit geglückt. Wir mussten sie als „Tafelwein" etikettieren, da dieser Verschnitt nicht den Vorschriften entsprach. In dem Gewerbe, das weiß man, haben die Appellationen[69] nie die guten Weine gemacht.

Wie sollte man die Aussagen von Jonathan Nossiter zum biodynamischen Anbau nicht genauso zurückweisen: „Die größten französischen Winzer arbeiten heute biodynamisch. Aubert de Villaine von Domaine de la Romanée-Conti, Dominique Lafon und Jean-Marc Roulot in Meursault, Pierre und Sophie Larmandier in der Champagne, Pierre Frick im Elsass und viele andere sind edle Weinbauern, die uns mit der Natur zusammenbringen. Sie arbeiten gegen diese große Lüge der Marketingkultur und der Nahrungsmittelindustrie. Das ist eine Gelegenheit, wenn wir alle auwachen." Die Warnhinweise können sich als notwendig herausstellen, aber sie sind nicht annehmbar, wenn sie auf Lügen basieren. Was auch immer einige sagen, ich nehme Kritik an, sofern sie fair ist und einleuchtet. Altes Wissen und Schutz der Weinvielfalt stehen nicht im Widerspruch zum Fortschritt. Der globalisierungskritische Brasilianer, der − mit der Kamera auf der Schulter − die geschickten Gewohnheiten der Winzerwelt reformieren wollte, hätte sich die Zeit nehmen sollen, seine Kenntnisse zu vervollkommnen.

So ist die Biodynamik kein Synonym für Erstklassigkeit. Während dieser letzten Jahre konnte man sehr schlechte Weine beklagen, häufig aufgrund der schwierigen Umsetzung. Ohne den einseitigen Verschmelzungen und dem demagogischen Gerede nachzugeben (jedem seine Spezialität): Wir sind alle Anhänger des biologischen oder biodynamischen Anbaus, aber nur, wenn wir am Ende ein gutes Produkt erhalten. Zwar hat sich der biodynamische Anbau als ein Faktor zur Verbesserung der Umwelt herausgestellt, doch konnte niemand beweisen, dass er sich auf die Qualität der Weine auswirkt. Die „größten Winzer" sind nicht zwangsweise Fans dieser Technik. Es ist bedauerlich, dass man so etwas noch sagen kann. Die Landwirtschaft erinnert sich an die traurigen 1930er, als Produzieren genauso unwahrscheinlich war wie Kirschenernten im Winter. Alle Anstrengungen wurden gebündelt, um die Krankheiten zu bekämpfen. Zwar wurden Maßlosigkeiten begangen, doch beklagen wir sie heute nicht mehr. Die allermeisten Landwirte führen einen besonnenen Kampf, der zwar nicht bio ist, aber Mensch und Umwelt schützt. Lasst uns nicht dem Fundamentalismus verfallen oder dem, was Michel Bettane „Biocon" nennt. Wein hat Besseres verdient. Die Wissenschaft der Önologie ist ein Kampf mit dem Material. Sie lehrt uns, mit Verstand wachsam zu sein. Die Auswirkungen der Rhetorik haben darin keinen Platz. Nur die Tatsachen bleiben hartnäckig.

Erneuter Ärger, als ich die Äußerung „Michel Rolland macht in der ganzen Welt Pomerolweine" bzw. die ebenso traurige Variante „Er macht einen einzigen Wein" vernehme. Solche Aussagen haben keine Grundlage, eine einzige Verkostung würde genügen, um dies zu beweisen. Was haben ein argentinischer Yacochuga (Malbec-Traube) und ein Fontenil (Appellation Fronsac) oder sogar ein Fontenil und ein Bon Pasteur (Appellation Pomerol) gemeinsam? Man würde höchstens einen Stil erkennen, so wie man den eines Malers auf der Leinwand erkennt. Aber vergessen wir nicht, dass vor allem die Stärke einer Gegend zu Wort kommt. Ich mühe mich ab, die Techniken der Weinbereitung an jeden Weinberg anzupassen, den Produkten den Rebsorten entsprechend eine persönliche Note zu verleihen. Deswegen ist der hergestellte Wein natürlich nicht in allen Ländern gleich. Selbstverständlich wäre es ein Traum, in der ganzen Welt Pomerol herzustellen, aber ich bin noch vernünftig genug, um zu wissen, dass das unmöglich ist.

Solche Haarspaltereien sind erbärmlich in einer Zeit, in der es eine große Mischung von Weinen aus allen Ecken und Enden der Erde gibt. Dass uns heute eine solche Vielfalt angeboten wird, liegt daran, dass die Techniken heute besser vermittelt werden als damals. Mit der Wissenschaft der Önologie konnten, durch Korrektur der Fehler, die Merkmale der Rebsorten und Gegenden in der Welt verfeinert werden. Die meisten Journalisten versuchen nicht, einzuordnen oder aus den verschiedenen Jahrgängen zu lernen[70]. Seit etwa 30 Jahren, von Umbrüchen zu Revolutionen, haben wir an Qualität, an Unterscheidung, an Vielfalt gewonnen. Die Geschmacksvielfalt reicht als Beweis, dass sich Wein unentwegt der Monotonie und der Vereinheitlichung entzieht. Émile Peynaud prangerte schon zu seiner Zeit diese Blindheit an: „Man zieht die beschönigende und einfache Fälschung dem entmystifizierenden und stets differenzierteren Wahren vor. Wahrscheinlich liegt darin der Mechanismus für den Fortbestand des Fehlers."[71]

Wo wir gerade bei Fehlern sind: Warum nicht eine Verkostung für alle Weinberichterstatter veranstalten? Eine „Horizontale" für die scharfsinnigsten Fachleute? Haben wir nicht das Recht, an „unsere erlauchtesten Trinker" dieselben Anforderungen zu stellen, wie sie für den Wein gefordert werden? Viele Weingutsbesitzer wären von dieser Idee begeistert, dessen bin ich mir sicher. Im Médoc lernt man Geduld, wenn man von einem Château zum nächsten diesen milden Sinnspruch wiederholt: „Was man von Weinkritikern hält? Fragen Sie die Straßenlaternen, was sie von Hunden halten."[72] Natürlich muss man nicht die ganze Presse an den Pranger stellen, es gab zu jeder Zeit aufgeklärte und neugierige Köpfe, deren Art, die Weine zu verstehen, zu analysieren und zu kosten, Stereotypen und einfache Verurteilungen ablehnt. Was Frankreich betrifft, denke ich da vor allem an Michel Bettane, Bernard Burtchy, Raoul Salama, Vincent Noce, Michel Dovaz, Philippe Maurange, Roger Pourteau und Michel Creignou. Ich könnte die Liste noch fortführen. Bedauerlicherweise sind es trotzdem so wenige.

Traurig ist, dass wir beim Kampf gegen Verleumdungen und Dummheiten reagieren, uns auflehnen und schließlich ein gleiches Spiel spielen. Deswegen habe ich mich lange Zeit geweigert, die Kontroversen zu nähren. Diese halten sich aber hartnäckig, da unsere komplett Unflexiblen Gefallen daran finden, sie aufrechtzuerhalten, indem sie ihr „gutes Gewissen" weiter nach außen tragen. Alles auf dieser Welt hat seine Grenzen. Und früher oder später drohen Magenverstimmungen. Es wird fast eine Gesundheitsmaßnahme, die Orgien der guten Gefühle sowie diejenigen anzuprangern, die die Arroganz besitzen zu behaupten, das Gute zu vertreten.

KAPITEL V

Dort, weit weg von Frankreich

„Was mich auf der Welt am meisten berührt hat,
ist, dass niemand bis zum Ende ging."
Paul Valéry

Das Abenteuer verführt den, der sich langweilt. Ich fühlte mich beengt in meinem weißen Hemd und in meinem Labor in Libourne. Ich musste fort. Es geschah, was immer geschieht: Am Ende gehört man zu einem Ort. Mit all diesen Weinen aus den USA, aus Argentinien, Spanien, Italien, Portugal, Marokko, Chile, Indien, Mexiko, Südafrika, Brasilien, Bulgarien, Griechenland, Kanada, Kroatien, Israel, Armenien, der Türkei, der Schweiz oder auch China hatte ich mich sofort vertraut gefühlt und ich sehnte mich nach ihrer Gesellschaft.

Dort, weit weg von Frankreich, weit weg von einem Mikrokosmos, sucht man endlich das Weite. Man befreit sich, man klärt sich auf, man entdeckt anderes. Im Jahr 1985 begann daher eine lange Ära der Reisen. Wie viele Tage vergingen seitdem in Flugzeugen, auf Straßen, um an die ungewissen, „unerschlossenen" Enden der Welt zu gelangen. Diese weiten Gegenden machten die verrücktesten Träume möglich. Was für ein außerordentliches Glück, einen Beruf zu haben, der einen nicht in Gewohnheiten einengt und zwingt, alle möglichen Herausforderungen anzunehmen! Es stimmt wahrscheinlich, dass „nichts so sehr kaputt macht und straft wie Routine". Ich sage meinen jungen Mitarbeitern immer wieder: Der Boden weckt, bringt alles durcheinander und erklärt. Man schuldet es sich und dem Boden, seine Möglichkeiten auszuschöpfen. Jeder Auslandsaufenthalt beschleunigt die Erfahrungen und ermöglicht kühne Erkenntnisse der Vielfalt, der

Komplexität. In das Unvorhergesehene zu schlingern, wirkt schonungslosen Gewissheiten entgegen.

Morgen, für mich bedeutet das oft eine neue Stadt, ein anderes Hotel, eine fremde Sprache, unbekannte Gesichter, verborgene Zeitzonen. Diese Anpassungsfähigkeit bringt auch Opfer und Entbehrungen mit sich. Meine Lieben haben gelernt, sich nicht mehr darüber zu beschweren. Einer meiner Freunde sagt, beinahe genervt, schon seit Jahren immer wieder: „Du bist nicht normal." Vielleicht sollte ich mich darüber freuen. Ich habe eine eiserne Gesundheit. Ich schlafe überall. Wenn ich aus dem Flugzeug steige, kann ich an langen Verkostungen teilnehmen oder kreuz und quer durch die Weinberge fahren. Mein Lieblingstest, um die Widerstandskraft von künftigen Mitarbeitern oder Journalisten auf die Probe zu stellen: Ich bitte sie, mir in die Weinberge zu folgen, und beschleunige meinen Schritt. Nur wenige halten das Tempo. Ein guter Önologe hat zunächst einmal kräftige Waden.

Seit 25 Jahren bin ich gleichzeitig in Frankreich und im Ausland tätig: werktags in Frankreich, am Wochenende und an Feiertagen im Ausland. Verschiedene Leben haben sich so vermischt und gekreuzt. Nichts sagt mehr über ein Leben aus als die Terminplanung[73]. Mein Kalender ist unheimlich, festgelegt von einem Jahr zum nächsten. Wenn ich hineinsehe, kommt es mir vor, als wäre ich nur eine Marionette meiner Arbeit! Aber so viele Länder, so viele Abenteuer und schöne Begegnungen. Man vergisst die Müdigkeit und die Hindernisse. Man bewahrt nur das Schöne. Wein ist sicherlich der beste Reisepass.

Atlantischer Ozean

EUROPA

Kroatien

Frankreich
• Paris
Zagreb•

Ungarn
• Budapest

Spanien
• Marseille

Portugal
• Madrid

Lissabon•

Sofia•

Bulgarien

Istanbul• Ankara•

Italien

Rom•

Armenien

Erewan•

Türkei

• Athen

Griechen-
land

Rabat
•
Casablanca•

Jerusalem•

Israel

Marokko

AFRIKA

• Johannesburg

Südafrika
• Durban

Kapstadt•

ASIEN

China

Beijing •

• Shanghai

Chongqing •

Delhi •

Indien

• Guangzhou

• Kolkatta

Mumbai •

• Chennai

Indischer Ozean

Pazifischer Ozean

USA

Frühjahr 1984 erster Besuch in den USA. Man hatte mich gebeten, die Jahrgänge 1982 und 1983 aus Bordeaux vorzustellen. New York, Boston, Chicago, San Francisco, Dallas, Houston, Washington. Riesige, wimmelnde, maßlose Städte „auf den Beinen". Eine Offenbarung. Mein Pomerol schien mir winzig und vor allem sehr flach. Ich würde wiederkommen, spürte ich, aber wie sollte ich Kontakte im Ausland knüpfen? Die Antwort kam 1985 mit einem Brief: Die Önologin Zelma Long und ihr Assistent Paul Hobbs[74], die eine *winery* in Healsburg in Sonoma (Kalifornien) leiteten, wollten mich in Libourne treffen und an Verkostungen teilnehmen. Es wurde ein Termin vereinbart. Ich ging in Begleitung meines einzigen Mitarbeiters, Christian Very, der Englisch sprach. Da meines nur sehr dürftig war, zeigte er ihnen die Weingüter am rechten Ufer. Im Château L'Évangile bereitete Madame Ducasse, die damalige Besitzerin, uns einen prächtigen Empfang. Dann aßen wir in der Hostellerie de Plaisance in Saint-Émilion. Während der Mahlzeit schlug mir die Önologin der Simi Winery, die zur Gruppe LVMH (Louis Vuitton Moët Hennessy) gehörte, vor, nach Kalifornien zu kommen, um sie zu beraten. Robert Parker, der immer bekannter wurde, hatte ihnen einige Monate zuvor gesagt: „Ihre Chardonnays sind interessant, aber bei den Roten sind Fortschritte notwendig." Auf die Frage „Was kann man tun?" hatte er geantwortet: „Es gibt einen jungen Mann in Bordeaux, der recht erfolgreich zu sein scheint, besuchen Sie ihn." Und dennoch beschränkte sich meine Arbeit 1985 auf das Labor. Noch wurde ich nicht als Berater angefragt.

Im Februar 1987 flog ich an die Westküste. Zu jener Zeit dachte ich nicht daran, Bordeaux zu verlassen. Man denkt immer, dass man unentbehrlich ist. Simi Winery zahlte das Flugticket und hatte mein Honorar auf 250 Dollar pro Tag festgelegt. Die Probleme begannen mit der Kommunikation: Mein Schulenglisch war total eingerostet. Glücklicherweise hatte ich eine Dolmetscherin an meiner Seite, Colette Drape, die Weinliebhaberin war und die Nuancen des Verkostungsvokabulars beherrschte. Später lernte ich parallel zu meiner Beratungstätigkeit die Sprache, um an den langen Sitzungen für den Verschnitt der Weine teilnehmen zu können. Zwei Jahre später konnte ich rudimentär Englisch, sodass ich mich mit den Angestellten im Weinkeller austauschen konnte. Colette Drape starb leider 1991 bei einem Verkehrsunfall in Bordeaux. Sie wurde 31 Jahre alt. Wieder ein Tod in der Unordnung der Dinge.

Von Kalifornien träumte ich schon lange. Ich wurde nicht enttäuscht. Ich lernte die unglaubliche Energie kennen, die bei der Arbeit aufgebracht wurde, eine Beharrlichkeit, die wir in Frankreich bereits verloren hatten. In diesem Land schien alles möglich. Aus kommunikativer Sicht waren meine Anfänge asketisch, doch beruflich waren sie vielversprechend. Zu jenem Zeitpunkt bekam ich Lust, in der ganzen Welt als Berater tätig zu sein.

Im September 1987 kehrte ich nach Healdsburg zurück, um dem Beginn der Weinlese beizuwohnen. Der Tradition entsprechend war der Priester dabei, ebenso wie alle Angestellten des Weinkellers, um die ersten in den Weinkeller gebrachten Trauben zu segnen. In Bulgarien gibt es auch eine solche Zeremonie mit den orthodoxen Popen.

In Kalifornien lernte ich eine verblüffende Realität kennen, die im Ausland weit verbreitet ist: die Trennung von Weinbau und Önologie. In der *winery* kannte niemand die Herkunft der Trauben. Daraus schlussfolgerte ich, dass die Önologin nie in den Weinberg gegangen war und Analysen durchgeführt hat, um die Reife der Trauben zu beurteilen. Als ich meine Absicht, die Beeren zu kosten, mitteilte, schauten mich alle mit großen Augen an. Zelma hatte in der Tat nie daran gedacht, dass die Begutachtung vor Ort begann. Am Nachmittag desselben Tages ging ich durch die Chardonnay-Reihen, für die ich nicht zuständig war, und zeigte Zelma die Handgriffe und Methoden, die man später für die roten Rebsorten übernehmen könnte.

Ebenfalls 1987 traf ich in Bordeaux über den amerikanischen Händler Jeffrey Davies im Bistrot du Sommelier zwei erstaunliche Persönlichkeiten: Suha Newton und Oz Clarke. Erstere leitete mit ihrem Mann Peter den Newton Vineyard im Napa Valley (Kalifornien). Sie hatte sich auf einem Blatt um die 30 Fragen aufgeschrieben, manche aussagekräftig, andere einseitig. Der andere, der englische Kritiker Oz Clarke, schlich sich unauffällig in diese so außergewöhnliche wie unerwartete Befragung. Jeffrey Davies war absolut zweisprachig und sprang als Dolmetscher ein. Das Gespräch war ernst und komisch zugleich. Einige Wochen später erfuhr ich, dass die hartnäckige Suha Newton alle Önologen aus der Region getroffen und ihre Antworten miteinander verglichen hatte. Ich wurde „auserwählt". Angesichts dieser Furcht einflößenden und auffallenden Frau mussten die anderen Bewerber aufgeben. Unser gemeinsames berufliches Abenteuer dauerte 20 Jahre, bis zum Verkauf des Weingutes. Ich hatte den intelligenten und gründlichen *winemaker* John Kongsgaard an meiner Seite, dessen Vater der berühmte und gefürchtete Richter des Napa County war. Ich erlebte dort große Momente als Berater. Und aus dieser schönen Zusammenarbeit sind hochwertige Weine entstanden.

Peter Newton hatte viel Cabernet Franc angebaut, aber die Weine erwiesen sich nie als zufriedenstellend. 1991 bat ich ihn mit John um einen Freibrief. Wir beschlossen dann, die Produktion pro Rebstock drastisch zu senken. Das Ergebnis war außergewöhnlich. Ich sehe Peter noch, wie er mich in aller Freundschaft anflehte: „Sind Sie sicher, dass man nicht etwas mehr produzieren und dabei denselben Erfolg gewährleisten kann?" Der Newton-Weinberg mit seinen Hängen auf beiden Seiten ist einer der Weinberge in Napa, die am schwierigsten zu bebauen sind, besitzt aber großes Potenzial. Leider hat die LVMH-Gruppe, der derzeitige Besitzer, diesen Qualitätsanspruch aufgegeben.

Auch 1987 lernte ich Bill Harlan kennen, einen Geschäftsmann und Besitzer der Merryvale Winery im malerischen Dorf St. Helena und eines kleinen, noch jungen Weinguts in Oakville. Mit ihm begann eine sagenhafte Geschichte für die Weine, das Valley und unsere beiden Familien, die sich noch immer nahe stehen. Bill Harlan hatte eine einfache Idee:

den besten Wein von Napa Valley herstellen. Mit dem dortigen Önologen, Bob Levy, hatten wir sämtliche Freiheiten. Leider war 1988 kein gutes Jahr in Kalifornien, trotz aller Bemühungen sowohl im Weinberg als auch im Weinkeller. Ich musste Bill Harlan gestehen: „Dieser Jahrgang hat nicht die Qualität, die Sie wünschen." Ich befürchtete seine Antwort: „Sie bringen nicht genug Leistung, gehen Sie zurück zu Ihren Untersuchungen!" Das geschah nicht. Mehr als zwei Jahrzehnte und eine *success story* später verbindet Bill Harlan und mich eine offene Freundschaft. Im Laufe der Zeit ist auch ein Achtungs- und Vertrauensverhältnis zu Bob Levy entstanden, der stark wie ein Fels und so dickköpfig wie das Meer salzig ist. Harlan Estate hat heute einen sehr guten Ruf. Wahrscheinlich der schönste Aufstieg der letzten 20 Jahre in allen Ländern. Für mich liegt eine Tatsache auf der Hand: Die Menschen brauchen unbedingt Gemeinsamkeiten, um ein ausgezeichnetes Produkt zu kreieren.

Als ich mit Bill Harlan in Napa Valley arbeitete, gab es ein neues Ziel beim Verschneiden der Weine: die Suche nach dem Seltenen und Erstklassigen. Es ging nicht mehr nur darum, die wirtschaftlichen Zwänge zu berücksichtigen. Das Besondere dieses Mannes ist, dass er alle Innovationen für möglich hält und diejenigen, mit denen er arbeitet, ermuntert, sich selbst zu übertreffen. Wir mussten all unsere Energie aufbringen, um einen erstklassigen Wein herzustellen. Wir sind mit unseren Kräften nicht sparsam umgegangen. Aus diesem ästhetisierenden und streng elitären Schritt entstanden in Frankreich Weine mit kleiner Stückzahl bzw. „Garagenweine", wie sie von den Journalisten genannt werden. Diese Weine waren nicht für die Vermarktung bestimmt, sie sollten nur zum Ausprobieren neuer Techniken des Weinbaus und der Önologie dienen. Ziel war es, die Handgriffe besser zu verstehen, durch die wir der Perfektion noch näherkämen.

Zu Beginn meiner beruflichen Laufbahn war das Verschneiden im Bordeaux viel einfacher: Der Önologe befolgte die Anweisungen des Besitzers, der ihn aufforderte, den schlechtesten Tank auszumustern. Zwangsläufig rutschte es ihm am Ende eines Termins auch schon einmal heraus: „Denken Sie nicht, dass man die Hälfte dieses Tanks dazutun könnte?" Mehr Volumen bedeutete mehr Geld. Die meiste Zeit leisteten wir dem

Befehl Folge, dann setzten wir uns an den Tisch. Ein gepflegtes Essen und gute Fläschchen erwarteten uns. Und auch Qualität! Erst in den 1990er-Jahren verstanden wir die Bedeutung der Selektion nach Einzellagen, der Gestaltung der Weinkeller nach Größe der Tanks und bebauten Flächen. Wir begriffen: Je mehr verschiedene Partien man anlegt, umso komplexer wird der Verschnitt. Im darauffolgenden Jahrzehnt war zu beobachten, dass sich die Anzahl der Zweitweine vervielfachte und die Menge in jedem Château zunahm.

Heute ist das Ziel, die Produktion des Erstweins durch eine erhebliche vorgelagerte Arbeit, vom Weinberg bis zum Weinkeller, zu erhöhen. Jetzt besitzen alle Weingüter Tanks mit verschieden großen Fassungsvermögen. Normalerweise werden die geernteten Trauben nach Rebsorten, Herkunft, Parzelle und Alter der Rebstöcke in diese Behältnisse verteilt. Nach dem Ende der Gärung besitzt jedes Gebiet eine bestimmte Anzahl an Partien, die aus Vorlaufwein und Presswein bestehen. Bei der letzten Kategorie werden die Qualitäten A, B und C unterschieden, die vorab bei einer Verkostung zugewiesen werden. Die Proben werden dann dem Assembleur vorgelegt: Ihre jeweiligen geschmacklichen Eigenschaften und Synergien führen zum erhofften Ergebnis. Noch eine Wahrheit: Das Vermischen der besten Partien führt nicht zum besten Wein.

Zum Verschneiden muss einiges erläutert werden. Der Önologe legt die Mengen nach Prozentzahlen fest und nimmt die Proben zur Seite, die nicht in das gesuchte Profil passen, auf die Gefahr hin, den Zorn des Weingutsbesitzers auf sich zu ziehen. Diese triezen immer, trauern den aufgegebenen Pressen nach. Im Sinne der Gründlichkeit wurden die Partien meistens vier oder fünf Mal vor der letzten Sitzung probiert. Erst nach mehrmonatigem Ausbau merkt man die Entwicklung der Weine und ihre Reaktionsfähigkeit in den Tanks. Ich bin gegen zu früh vorgenommenen Verschnitt, da er die Präzision des Endprodukts einschränkt.

Der Verschnitt ist wie ein Gemälde. Das Prinzip ist immer dasselbe, egal ob es sich um fünf oder 150 Proben handelt. Bei einer großen Anzahl an Proben legt man „Weinfamilien" fest: Dabei werden die fruchtigen, die tanninhaltigen, die fleischigen usw. gruppiert, um die Menge und

Vielfalt an Partien zu bestimmen, die anschließend miteinander kombiniert werden können. Diese Einteilung kann mitunter zwei oder drei Stunden dauern, bevor die letzte Mischung erfolgt. Dafür ist eine hohe, fast abnorme Konzentration erforderlich. Je mehr man jedoch probiert, umso besser wird man[75]. Natürlich sind dafür Fähigkeiten vonnöten: ein geschulter Geschmackssinn und ein gutes Gedächtnis.

Der Verschnitt leistet auch seinen Anteil am Geheimnis. Er zeugt von der Fülle an Aromen einer Welt, die man nur mit Mühe umschreiben kann und die sich ununterbrochen steigert. Darin liegt beinahe eine unbewusste Poesie, aber auch Kreativität, Intuition und Vorstellungskraft. Man muss von Akkorden träumen, damit sie konkret werden, und sie kennen, um sie sich vorstellen zu können. Kosten ist nichts, wenn man nicht vorhersehen kann. Meiner Meinung nach muss man eingeweiht sein, damit ein Wein mit einem spricht. Häufig bestimmt die Emotion die Entscheidung. Bei der Verkostung stellen sich die Aromen ein oder lassen auf sich warten, andere kreisen, drängen sich, verändern sich, kommen wieder oder geben auch auf. Man muss sich ihre künftige Stärke oder auch das Gegenteil, das mögliche Schwinden, vorstellen können. Wie ein Parfümeur ist man auf der Suche nach dem besten Gleichgewicht. So kann man barocke Weine oder Weine mit anderen typischen Eigenschaften kreieren, indem man beispielsweise absurde Kombinationen bevorzugt. Harmonie entsteht auch aus Dissonanzen. Deshalb gibt es für den Verschnitt kein Rezept und keine einfache Logik. Eine Herausforderung wie ein Rätsel, weil physische und immaterielle Gegebenheiten aufeinanderprallen. Eine glückliche Kunst des Widerspruchs, könnte man sagen. Dieser Schritt duldet weder Murks noch Scharlatanerie.

Aber zurück nach Kalifornien, wo der Verschnitt Bedeutung erlangte. Ich wurde anschließend Berater von St. Supéry, das der Familie Skalli gehört, dann von Mondavi. Mit Tim Mondavi und seiner französischen Önologin, Geneviève Janssens, waren die Verkostungen und Treffen effizient, lehrreich und elektrisierend. Für Zufälle war kein Platz. Ende der 1990er-Jahre wurde ich von Agustin Huneeus gebeten, in Franciscan tätig zu werden. Die Gesellschaft wollte meine Erfahrung bei dem wunderbaren Kellerprojekt „Quintessa", bei dem ich immer noch mit Agustin Junior arbeite.

Ende der 1980er-Jahre verwüstete die Reblaus, die Ende des 19. Jahrhunderts die französischen Weinberge heimgesucht hatte, die Weinberge in Napa ebenso konsequent. Dieses düstere Ereignis stellte sich schließlich bei der Neubepflanzung als nützlich heraus. Viele bemühten sich um ein Umdenken: Von nun an würden die Rebstöcke aufgebunden und besäßen eine größere Dichte. Ein neuer *look*, wie man dort sagt. Der vorausschauende David Abreu war der Anführer dieses Wiederaufbaus. Als neuer Star des Weinbaus war er danach für viele Weinberge in Napa verantwortlich. Er war der Erste, der eine Reihe von Anbaumethoden umsetzte, die in Frankreich seit vielen Jahren bekannt waren: Bepflanzungsdichte, Suche von Rebunterlagen und Rebsorten, die zu den physischen Eigenschaften der Böden und der Aufteilung der Parzellen passten.

Ein menschliches Versehen war Ursache der durch die Reblaus ausgelösten Katastrophe, dieses Insekt des Teufels, wie sie im Médoc genannt wird. Die Unterlage AxR, die aus der Kreuzung der Aramon mit der *Vitis rupestris* entwickelt wurde, sollte laut den Wissenschaftlern die Offenbarung des kalifornischen Weinbaus darstellen. Verschmäht wurden die Warnungen zur Empfindlichkeit der Aramon, die den Verschnitt schwächte und nicht mehr ausreichend immun gegen die verheerende Laus war. Einen ähnlichen Fehler hatten wir in den 1970er-Jahren im Bordeaux mit der Verwendung der Unterlage SO4 gemacht. Der für die Weinberge als „magisch" angekündigte Fortschritt erwies sich als dramatisch: Entwicklung von Krankheiten, die mit diesen Empfindlichkeiten in Zusammenhang standen, Überproduktion aufgrund der Vitalität, mittelmäßige Beeren.

Im Jahr 1991 waren die Weinlesen in Bordeaux so langweilig, dass ich beschloss, meine Reise nach Kalifornien in den Oktober vorzuverlegen. Eine Gelegenheit, die ich aufgrund eines straffen Zeitplans, der wenig Flexibilität bietet, nie ergriffen hatte. Zelma Long nahm die Nachricht erfreut auf. Sie war etwas in Sorge, seitdem Simi Winery, deren Präsidentin sie mittlerweile war, einen jungen Önologen ans Ruder gesetzt hatte. Mit Nick Goldsmith begann eine Zusammenarbeit, die zwölf Jahre andauern sollte. 1991 war ein schöner, aber sehr später Jahrgang in Kalifornien. Im Oktober probierte ich viel Cabernet Sauvignon direkt von der Rebe.

Eine neue Erfahrung, die sich bei der Erforschung der optimalen Reife als sehr nützlich herausstellen sollte. Ich schlussfolgerte daraus, dass sich die Traube immer weiterentwickelt, wenn auch langsam. Damals wurde willkürlich festgelegt, dass die Reife 110 Tage nach der *demi-floraison* (Halbblüte) und 45 Tage nach der *demi-véraison* (Halbreife) erreicht ist. Albern: Die Zyklen variieren von Jahr zu Jahr.

Im Jahr 2000 fragte mich Araujo, ob ich Berater seiner *winery* in der Nähe des Dorfes Callistoga mit einem berühmten Weinberg, Eisele, werden wollte. Bart und Daphne, die Besitzer, kontrollierten bereits ständig und gründlich, um ganz sicher einen der elegantesten Weine des Valleys herzustellen. Ein weiteres Weingut fragte mich im selben Jahr an: Staglin Family, ein den Ratschlägen von David Abreu entsprechend neu hergerichtetes Gut mit einem Weinkeller, der in den Hügel gegraben worden war. Nachdem die ersten Worte gewechselt waren, wurde ich von der Begeisterung und Tatkraft von Garen und Shari Staglin, beide Kunst- und Musikliebhaber, hingerissen. Zweifellos Vorkämpfer in der Welt der Weine: Sie nutzten Sonnenenergie, und das nicht aus wirtschaftlichen Gründen, sondern aus Gründen des Umweltschutzes.

Das amerikanische Abenteuer schien endlos und das gefiel mir. Viele Projekte erblickten in Napa[76] das Licht der Welt. Ich war dabei: Harlan Estate, Araujo, Staglin, Sloan, Dalla Valle, Bryant Family, Jonata, Ovid, Alpha Omega, Bond, Napa Valley Reserve, Dancing Hares, Viader, Screaming Eagle, Beaulieu Vineyard mit seinem Georges de Latour. Ich freute mich mächtig. Ich hätte mir kaum träumen lassen, dass der Wilde Westen, der mich in meiner Kindheit mit seinen Cowboy- und Indianergeschichten so begeistert hatte, in meinem Berufsleben genauso wichtig werden könnte.

Argentinien

„Sie ist da, wo die Musik und das Himmelsblau sind."[77]
Jorge Luis Borges

Argentinien ist ein Stück meines Liedes. Die Geschichte begann 1987. Eines Abends erhielt ich zu Hause einen Anruf aus Madrid. Ein Mann mit charakteristischem Akzent bemühte sich, mir zu erklären, dass er Wein in diesem großen Land in Südamerika herstellt und möchte, dass ich ihn berate. Ein surrealistisches Gespräch: Wie bei allen Menschen aus Bordeaux, die sich bis an die Grenzen der iberischen Halbinsel wagten, beschränkte sich mein Spanisch auf einige übliche Wörter. Mein Gesprächspartner, Arnaldo Etchart, sprach weder Französisch noch Englisch. Ich erinnere mich, zu meiner Frau gesagt zu haben, nachdem ich aufgelegt hatte: „Er ist Argentinier, er redet von Wein und möchte, dass ich ihn treffe, aber abgesehen davon habe ich nichts verstanden. Das wird in jedem Fall eine schöne Reise!"

Februar 1988. Buenos Aires. Wir hatten einen Termin mit den drei Etchart-Brüdern: Arnaldo, Moro und Sergio. Drei Gentlemen in eleganter Kleidung mit Krawatte stellten sich vor und fuhren uns zum Jockey Club in der Hauptstadt. Ebenfalls zum Abendessen geladen waren der bekannteste Restaurant- und Weinkritiker des Landes, Miguel Brasco, sowie seine Kollegin, die Journalistin Lucila Goto. Zum Glück konnten beide etwas Französisch. Unser Gespräch schien heiter zu werden. Erste lustige Begebenheit des Abends: Arnaldo fragte meine Frau, wie sie den ausgeschenkten Wein fand. Es war Februar, also Hochsommer auf der Südhalbkugel. Der Wein hatte Zimmertemperatur, aber nicht die der französischen Châteaus mit ihren 18 °C, sondern die moderner Gebäude mit mehr als 25 °C! Sicher, gewöhnliche und normale Umstände bei Verkostungen zu jener Zeit. Es gehörte nicht zur Kultur des Landes der Neuen Welt, die Weine mit der richtigen Temperatur zu servieren. Was war es schwierig, die Kellner davon zu überzeugen, die Rotweine in einem Sektkühler zu servieren! Arnaldo musste all seine Autorität aufbringen.

Am nächsten Tag Flug nach Salta, 1.200 km von Buenos Aires entfernt. Argentinien ist so groß! Bevor wir zu dem Weingut gingen, besichtigten wir ausgiebig die Stadt, und zwar in Begleitung der örtlichen Notabeln: Priester, Architekt, Händler. Am darauffolgenden Tag besichtigten wir Jujuy, Humahuaca … Zeitlose Städte. Beeindruckende Landschaften. Dann weiter im Auto mit Arnaldo Junior (in Argentinien trägt der Älteste immer den Namen des Vaters). Die Kakteen schienen uns wie reglose Wächter zu erwarten. Alles, was uns umgab, schien unwirklich, so schön war es. Wir hielten die Luft an vor diesen Felsen, den Ausläufern der Anden, die alle Farben des Regenbogens annahmen.

Einzige Sorge: Wo könnte man in einer solchen Kulisse Wein anbauen? Wir fuhren durch weitere Ortschaften: Cachi, Molinos mit seiner bezaubernden Kirche mit dem Dach aus Kaktusholz. Wir arbeiteten uns nach und nach durch die Landschaft und erreichten ein kleines Nest, Animana, das fast verlassen war. Einige *casas*, bei denen man sich vorstellen konnte, wie schön sie einmal gewesen sein mussten. Dort sah ich die ersten Weinberge mit der heimischen Rebsorte Torrontés an Pergolen: eine italienische Anbautechnik, die ich nicht kannte. Einige Kilometer weiter befand sich das beschauliche Dorf Cafayate, das sich seine Authentizität mit einer gemischten Bevölkerung aus Einwanderern und Indios vom Hochplateau bewahren konnte. Es gab – wie in allen Örtchen im Norden Argentiniens – einen Marktplatz, ein Café und eine Kirche. In diesem Dörfchen glich sie einer Kathedrale, so lang war der Zug der Gläubigen. Vor der Messe beeilten sich die Einwohner, um einen Platz zu bekommen. Die katholische Religion ist im ländlichen Argentinien noch immer sehr fest verankert.

Wie überrascht waren wir, als wir die Weinberge sahen: Die meisten Reben waren mit Pergolen überdacht, die anderen aufgebunden. An unserer Seite alle technischen Mitarbeiter von Bodegas Etchart und von Mendoza, die eigens zu dieser Gelegenheit gekommen waren. Ich hatte vorher mitgeteilt, dass dieser erste Besuch einfach der Kontaktaufnahme dienen sollte. Die Weinlese hatte begonnen. Ich ging zur Traubenannahme. Erste Wahrnehmung: Die aus Frankreich stammenden Geräte waren das Schlimmste, was die Weinbauindustrie je hergestellt hatte. Diejenigen, die diese Maschinen entwickelt hatten, hatten sich bemüht, den Komfort der Angestellten zu verbessern, sicherlich jedoch nicht die Qualität der Weine. Nach diesen ersten Feststellungen war ich neugierig auf den Gesundheitszustand der Trauben. Eine gute Idee. Die Besichtigung des Weinbergs war aufschlussreich: Der Besitzer, der Leiter des Gutes, der Agrarwissenschaftler und die Ingenieure jubelten angesichts der Menge an Trauben, die massenweise aus den Pergolen kamen. Ich nicht. Das üppige Laub diente den im Halbschatten aneinander klebenden Früchten als Sonnenschirm. Die Bewässerung erfolgte durch Überschwemmung und war angesichts der üppigen Vegetation zweifellos zu stark. Diese Methoden mussten beendet werden. Im Jahr darauf führten wir die Regulierung der Erträge und des Wassers ein. Ich bat den Betriebsleiter, die Wassermenge zu reduzieren. Er hatte dann die glorreiche Idee, nur jede zweite Reihe zu bewässern. Eine effiziente Methode, die darüber hinaus eine Kostenersparnis von 50 % ermöglichte. Das System hat sich seitdem in ganz Argentinien durchgesetzt.

Zwei Tage reichten mir, um zu verstehen, dass Mentalität und Ambitionen in diesem Land grundsätzlich anders waren. Dieser Zustand entmutigte mich jedoch nicht: Es war mir ein Anliegen, diese einfachen und krautigen Weine zu verändern. Der charmante Önologe des Weinkellers, Jorge Riccitelli, wendete artig die Methoden an, die man ihm beigebracht hatte. Trotz seines jungen Alters war er in Routine gefangen. Ich legte ihm dann eine Liste mit etwa 20 Ratschlägen vor. Als er sie las, schien er verwirrt. Ich musste ihm geduldig erklären, dass er mit dieser Funktionsweise brechen müsse, wenn er Fortschritte machen wolle. Am nächsten Tag kündigte er mir voller Angst an: „Ich werde Ihre Anweisungen befolgen, aber wenn man mich vor die Tür setzt, müssen Sie für mich eine Arbeit finden." Seiner niedergeschlagenen Miene entnahm ich, dass das kein Scherz war.

Als ich im Juli wiederkam, ließ mich Jorge Riccitelli, nicht ohne Stolz, die Weine aus den verschiedenen Versuchen probieren. Weil die Ergebnisse größtenteils überzeugten, würden sie unseren künftigen Kurs bestimmen. Eine Notwendigkeit: das Laub auslichten. Wegen des grünen Schattens, der ständig über den Trauben hing, machte ich mir Sorgen um die Reife. Er wäre eine Erklärung für die starken pflanzlichen Aromen. Ich bat Riccitelli, eine Partie Trauben aus den ersten Rebstöcken, die die Pergola umsäumten und denen kein Licht entzogen wurde, zusammenzustellen. Auch hier war das Ergebnis überzeugend: viel intensivere Aromen, weniger krautig, stabilere Phenolverbindungen und eine kräftigere Farbe. Von nun an sollten die pflanzlichen Sonnenschirme verhindert und das Laub ausgelichtet werden, und wir würden sogar die Größe der Rebstöcke im Winter verändern, damit mehr Sonne auf die Beeren scheinen konnte. Aus diesem Versuch entstand das Verfahren der Laubentfernung in Frankreich.

In Cafayate lernten wir bei den Etcharts, was intensives „gesellschaftliches Leben" heißt. Am Nachmittag besuchten wir ihre Freunde, die im Dorf oder auf dem umliegenden Land wohnten. Eines Tages fuhren wir mit unserem großen *Pick-up* mitten ins Gebirge. Der Ort war außergewöhnlich. Was für ein Schock! Staub flog über die erschöpften Böden, die ausgetrockneten Flussbetten, gefüllt mit riesigen Steinen, die das letzte Hochwasser dort zurückgelassen hatte. Auf den Hochplateaus der Anden wird bei den gewaltigen Regengüssen massenweise Geröll ausgeschwemmt. Wir kamen schließlich an einem ebenso zauberhaften Ort an: Dort gab es ein kleines Haus, gebaut aus Steinblöcken. An diesem Spätnachmittag fielen die letzten Sonnenstrahlen auf die andere Talseite. Die Felsen leuchteten in Granatrot. Eine unwirkliche Schönheit.

Wir befanden uns in 2.000 Metern Höhe. Ich fragte Etchart, ob es hier Rebstöcke gäbe. „Aber natürlich!" Einige hundert Meter tiefer lag tatsächlich ein alter Weinberg mit Torronté-Trauben an einer Pergola: wenig Vitalität, geringe Produktion. Weiter unten befand sich der so genannte *rancho*, wo die Trauben von Bodegas Etchart gekauft wurden. Überwältigt lernten wir einen uralten Weinberg kennen, der aufgebunden und bewässert wurde! In dieser Höhe hatten nur die Indios die Bewässerung im Griff: Sie liefen dem Wasser hinterher, leiteten die Ströme mit der

Schaufel um, schnitten das Unkraut mit der Machete. Hätten wir anderen, die armen Abendländer, solche Anstrengungen unternommen, hätten wir wahrscheinlich schon beim Gedanken an die Aufgabe aufgegeben. Wie konnte man von diesem antiquierten Weinbau nicht verzaubert sein?

Meine Neugier wuchs. Ich konnte es nicht erwarten, den Wein zu probieren. Dann sagte man mir: „Die Trauben wurden nie getrennt, sie sind mit anderen in einem großen Tank vermischt. Hier ist alles so schwer zugänglich. Wir kommen erst, wenn alles beendet ist." Im Jahr darauf fragte ich, ob man die Trauben von Yacochuya getrennt verarbeiten könnte. Der Wein war so außergewöhnlich, dass ich empfahl, für den Ausbau neue Fässer zu verwenden und ihn nicht zu früh zu verschneiden. In diesem Teil Argentiniens wusste man noch nicht einmal, dass es neue Fässer gab. Und als die Besitzer endlich zur Kenntnis nahmen, dass es sie gab, waren sie ihnen zu teuer. Die einzige Lösung war also, den ersten Container von meinem eigenen Geld zu finanzieren, um meinen Partner endgültig von ihrer Bedeutung zu überzeugen. Der erste große argentinische Wein der Neuzeit entstand: Er würde „Arnaldo B" heißen (zu Ehren von Arnaldos Vater). In diesem etwa zwölf Hektar großen Weinberg, auf dem ausschließlich Malbec angepflanzt wurde, stellte ich einige Jahre später den Yacochuya (vom Namen des Ortes) her, wieder gemeinsam mit der Familie Etchart. Das war auch der erste Wein dieses Landes, der im *Wine Advocate* von Robert Parker 95 Punkte erhielt.

Bei einer Konferenz in den USA, in Seattle, traf ich Carlos Pulenta, dem damals gemeinsam mit seiner Familie Trapiche gehörte. 1995 arbeitete ich in diesem legendären Weinkeller, dem zweitgrößten Weinerzeuger nach dem amerikanischen Gallo. Eine wahre Kathedrale, mit drei unterirdischen Etagen und einem Tank mit einem Fassungsvermögen von 54.000 Hektolitern! Ganz gewiss der größte der Welt. Ein riesiges Unternehmen, in dem ein bekannter und geachteter Önologe, Angel Mendoza, sich mit seltener Energie abrackerte. Er bearbeitete um die zehn Millionen Kilo Trauben von allen möglichen Rebsorten, von den einfachsten bis hin zu den raffiniertesten. Natürlich war ich nicht für alle Programme zuständig, sondern nur für die Kreation der Spitzenweine. Ich wurde gebeten, in den dem Unternehmen gehörenden Weinbergen (die rings um Mendoza[78] verstreut waren) edle Weine herzustellen und bei den unabhängigen Erzeugern gute Trauben zu finden.

Wir verbrachten viele Stunden im Auto, mit Angel und Marcelo Casazza, einem Ingenieur und Agrarwissenschaftler, und fuhren Straßen und Wege ab, um die Früchte zu probieren und den Winzern alle möglichen Ratschläge von der Größe bis hin zu Weinleseverfahren zu erteilen. Ich untersuchte den Gesundheitszustand der Rebstöcke und der Trauben. Damals kamen die Beeren von überall. Sie wurden verwendet, ohne dass man sich darum kümmerte, die Stiele oder sonstige Reste zu entfernen. Wie immer bei solchen Unternehmen kann man zwar im Detail arbeiten, aber man lernt unentwegt, da man mit erstaunlichen Fällen konfrontiert wird. Man muss sich dann für die unschädlichsten Methoden entscheiden. Eine schöne Zusammenarbeit entstand mit Angel Mendoza, dann mit Laureano Gomez, der für die *bodeguita* zuständig war, in der wir die kleinen Weine herstellten. Um die wichtigsten tagtäglichen Arbeiten delegieren und sich auf die langfristigen Ziele konzentrieren zu können, bedarf es einer unerschütterlichen Eintracht. Innerhalb weniger Jahre verbesserte Argentinien seine Produktion maßgeblich. Kein anderes Land machte in so kurzer Zeit solche Fortschritte.

Bei meinen Besuchen in Trapiche begegnete ich einer jungen Önologin, Gabriela Celeste. Lange, ebenholzfarbene Haare, ein kleiner, hagerer Körper, entschlossene, dunkle Augen. Diese Rakete auf Absätzen verlor nie den Mut: Sie wollte mit mir arbeiten, sie wusste, dass sie es schaffen würde. Zu jener Zeit begegneten die Angestellten im Weinkeller und die Techniker weder den Önologen noch den Besitzern. Trotz zahlreicher Vorwarnungen nutzte sie die erste Lücke zwischen meinen Terminen, um mich anzusprechen. Sie wollte unbedingt nach Frankreich kommen, um den Beruf und die Sprache zu lernen. Ich schlug ihr vor, Praktika in meinem Labor in Libourne und auf verschiedenen Weingütern zu absolvieren. Einige Jahre später eröffnete ich gemeinsam mit Pascal Chatonnet, einem Önologen aus Bordeaux, ein Labor in Lujan de Cuyo, nicht weit von Mendoza entfernt. Gabriela leitet es heute.

Während meines Aufenthalts in Cafayate lernte ich auch eine junge, zehn Jahre alte Bewunderin kennen. Als ich verkostete, schaute sie mich immer mit ihren großen, faszinierten Augen an. Eine kleine Fee, mit einem süßen Gesicht und dünnen Ärmchen. Ihr Lächeln strahlte über ihr ganzes Gesicht. Eines Abends bei einem Abendessen mit ihrer Familie in La Florida verließ sie ihren Stuhl, um jede meiner Bewegungen zu beobachten. Ich sagte ihr dann im Spaß: „Du kommst nach Frankreich, du wirst Önologin." Magdalena Vallebella kam tatsächlich auf unser Weingut in Fronsac, ins Château Fontenil, dann studierte sie Önologie in Mendoza und heiratete einen argentinischen Önologen, Rodolfo. Heute leiten sie gemeinsam den Weinkeller von Mariflor, der zu dem Projekt Clos de los Siete gehört.

Ein verrücktes, aber ebenso aufregendes Projekt. 1995 beschloss mein Freund Jean-Michel Arcaute, mich nach Argentinien zu begleiten. Kaum waren wir angekommen, zog ihn die unglaubliche Schönheit des Landes in den Bann. Er machte dort sofort Geschäfte. Seit Langem hatte ich die Idee, einen Weinberg zu finden, um dort qualitativ hochwertige Trauben anzubauen und elegante Weine zu erzeugen. Ich stellte mir vor, etwa 100 Hektar zu kaufen, sie vollständig zu bepflanzen und einen modernen und leistungsstarken Weinkeller zu bauen, der mit der neuesten Technologie ausgestattet ist. Für die Durchführung dieses Projekts brauchten wir Investoren, zwei sollten genügen. Damals fuhr ich vier Mal im Jahr nach Argentinien. Jean-Michel blieb dort länger. Wir machten uns auf die Suche nach einem gut gelegenen Gelände, das vor Hagel, der Plage Nr. 1 in Argentinien, geschützt war. Bei der Suche nach unserem „gelobten Land" fuhren wir Hektar um Hektar ab. Eines Tages teilte mir Jean-Michel schließlich mit: „Ich glaube, ich habe es gefunden, das wird dir gefallen …"

November 1997. Bei 32 °C ließen wir unser Auto in einem *no man's land* stehen. Leise Geräusche lagen in der Luft. Einige Kühe grasten auf einer Weide. Sie schienen genauso überwältigt von der Hitze wie wir. Aber wir waren voller Begeisterung. Die brauchten wir auch, um diese riesige grüne Fläche mit Elan zu durchqueren. Einmal übersprangen wir eine Absperrung: „Da ist es!", rief Jean-Michel. Wir waren noch drei lange Stunden gelaufen. Ein seltsames Gefühl, durch diese so dichte einheimische Vegetation zu gehen. In dieser Gegend, in der bisher nur Pferde oder Rinder gewesen waren, gingen wir durch Bachläufe, die das Wasser aus den Anden ausgehöhlt hatte. In dem Verdacht, dass das Gelände wesentlich größer sei als 100 Hektar, fragte ich: „Wie groß ist das denn?" – „850 Hektar", antwortete Jean-Michel ruhig. Diese Nachricht veränderte meine Pläne etwas: Wir würden mehr Investoren benötigen. Seither sind 15 Jahre vergangen. Heute ermesse ich, wie verrückt man sein muss, um in dieser derart unberührten Kulisse einen Weinberg aufzubauen.

Ich muss von diesem Verrückten erzählen, Jean-Michel Arcaute, den seine Freunde „Jean-Mi" nannten. Er war wie ein Bruder für mich. Wir konnten uns nicht belügen, oder zumindest nicht lange. So verschieden und doch voller Verständnis füreinander. Er hatte dieses verführerische Lächeln, das die Männer verärgerte und die Frauen faszinierte. Eine Erscheinung wie James Woods, mit demselben Funken Ironie in den Augen, als wäre das Leben nicht schwer genug, um ernst genommen zu werden. Sobald er es mit Engstirnigkeit zu tun hatte, erklärte er herablassend: „Ein hoffnungsloser Arsch, wie dramatisch. Für ihn, natürlich, aber vor allem für die anderen." Ich konnte ihm nicht widersprechen.

Jean-Michel hasste Disziplin, er hasste Tankstellen. Er wartete, bis die Tankanzeige ganz unten war, bevor er sich dazu herabließ, tanken zu fahren. Als man uns bat, unsere Weine in der Region vorzustellen, schlug er vor: „Ich hole dich ab …" Natürlich blieb das Auto mitten in der Nacht auf einer einsamen Landstraße mit leerem Tank liegen. Wir schliefen damals in Hotels der untersten Kategorie, und manchmal zusammen in einem Zimmer. Unsere jeweiligen Frauen haben das nie geglaubt. Jean-Mi war die Art Frohnatur, die nicht viel auf Vorsicht gab. Sein Vergnügen dauerte jedoch nicht lang. Mit 54 Jahren erlitt er in der Bucht von Arcachon einen Herzschlag. Er kam auf die andere, die himmlische Seite, ohne noch diesen armseligen Kahn erreichen zu können, der ihn zu seinem Boot bringen sollte. Einer der traurigsten Tage meines Lebens. Eine Woche später starb sein Sohn.

November 1998–Dezember 1999, das Gelände war gekauft, die Finanzierung stand. Am 1. Dezember 1999 wurde der erste Rebstock von Hand gesetzt, 2.750.000 weitere sollten folgen. Ernte im Jahr 2002.

Das Weingut Monteviejo, das Catherine Péré-Vergé gehörte, errichtete den einzigartigen Weinkeller, in dem zwei Jahre lang die Produktion der anderen Partner untergebracht wurde. Es wurde beschlossen, dass die sieben Güter, die sich die 850 Hektar teilen, die von 14 Kilometer Absperrung eingezäunt sind, einen gemeinsamen Wein erzeugen würden – den Clos de los Siete. Nur 430 Hektar wurden bepflanzt. Vier weitere Keller sollten später für die Bearbeitung der erzeugten Trauben gebaut werden. Alle *bodegas* arbeiteten – und das war eine Besonderheit im Land – nach dem Gravitationsprinzip, die Weinlese erfolgte von Hand, die Beförderung in *cagettes* und die Trauben wurden doppelt sortiert. Seit etwa zehn Jahren keltern wir zweieinhalb Millionen Kilo Trauben, hauptsächlich Malbec, Cabernet Sauvignon und Merlot, in geringerer Menge auch Cabernet Franc, Petit Verdot, Tannat, Tempranillo, Pinot Noir, Chardonnay, Sauvignon Blanc und Viognier. Für jeden meiner „Gesellschafterfreunde" dauert der Erfolg bis heute an: Jean-Guy und Bertrand Cuvelier vom Château Léoville-Poyferré, Alfred-Alexandre Bonnie und seine Familie vom Château Malartic-Lagravière, Benjamin de Rothschild vom Château Clarke, Laurent Dassault vom Château Dassault, Catherine Péré-Vergé vom Château Le Gay. Heute ist der Clos de los Siete der am häufigsten verkaufte argentinische Wein in Frankreich.

Im Anschluss, 1999, beriet ich auch Salentein, Norton, mit meinem Freund Jorge Riccitelli (ehemaliger Önologe von Etchart in Cafayate), Fabre Montmayou, Weingut von Hervé Joyaux, einer der ersten Franzosen, der sich an den Anden niederließ und hervorragenden Wein herstellte. Ich half ihm einige Jahre lang, bis zu dem Tag, an dem Clos de los Siete mich völlig in Beschlag nahm. Wir mussten jeden Arbeitsschritt überwachen: Einrichtung der Parzellen, Bepflanzungsdichte (5.500 Rebstöcke pro Hektar), Rodung, Aufbau des Bewässerungssystems. Dann wurde beschlossen, die sieben Brunnen über das Aquädukt zu verbinden: Würde eine Pumpe ausfallen, könnte die betreffende Parzelle weiterhin bewässert werden. Wasser war unentbehrlich, denn auf diesen beinahe wüstenartigen Böden wuchs nichts. Dass wir den ersten Rebstock spät gepflanzt haben, lag daran, dass sich die argentinischen Unternehmer einige Freiheiten mit den Fristen genommen hatten. In der Zwischenzeit erinnerten wir uns daran, dass in diesem schönen Land folgender Spruch erfunden wurde: „Warum heute tun, was man auch morgen tun kann?" Dem Weinberg, jetzt zwölf Jahre alt, geht es ausgezeichnet und er bringt noch immer große Trauben hervor.

In den ersten zehn Jahren des 21. Jahrhunderts wurden zahlreiche Anbauflächen am Fuß der Anden angelegt. Die Plantagen waren vorher nicht denkbar, da die Bewässerung durch Überschwemmung auf den stark abschüssigen Böden nicht praktiziert werden konnte. Dieses Problem wurde spätestens mit der Tropfbewässerung gelöst. Anfang der 2000er-Jahre traf ich Julio Viola, der mehrere Projekte entwickelt hat, das wichtigste davon Bodega Fin del mundo. Auch er hat eine neue Weinbaugegend, San Patricio del Chanar in der Nähe von Neuquén in Patagonien, aufgetan und aufgebaut. Ein wilder und karger Ort, gut für den Anbau von Wein, dieser widerstandsfähigen Pflanze, die schwierige Bedingungen liebt.

Fasziniert, belustigt und ergriffen lernte ich das schlaflose Buenos Aires mit seiner Lebensfreude immer mehr schätzen. In diesem fröhlich bunt gestrichenen „Paris des Südens" mit den heißen Stadtteilen, in denen es vor Menschen nur so wimmelt, wird Tango an jeder Straßenecke getanzt. Dort beobachtet man nicht das Leben der anderen, sondern genießt selbst jeden Augenblick. Überall wird geredet und kokett mit den Augen gezwinkert. Man muss nicht in dieselbe Schule gegangen sein und in denselben Stadtteilen gewohnt haben, um ein Lächeln zu bekommen. Man setzt sich unter die Lichterketten, trinkt bitteren Matetee, den „Jesuiten-Tee", aus Kalebassen und lauscht dem Schluchzen des Bandoneon. In den *asadors* lässt man sich lange geschmortes Rindfleisch und Kalbsbries mit Zitrone schmecken, eine weitere Spezialität des Landes. Dass man das Fleisch weniger blutig als bei uns isst, kommt daher, dass die einfachen Leute früher die auf den Boden geworfenen Stücke aufsammelten, die sie lange kochen mussten, damit sie sich nicht vergifteten. Meine Lieblingsrestaurants sind Oviedo und La Brigada. Schon allein Hugo, der Besitzer von Letzterem, das sich im Stadtteil Santelmo befindet, ist den Weg wert. Mit langer, dichter Mähne, buschigen Augenbrauen, offenem Blick und ehrlichen Worten ist er ein Mann mit Rückgrat, wie man bei uns sagt! Sein Restaurant ist mittlerweile zu einem magischen Anziehungspunkt für alle Liebhaber von *carne* geworden. Nie werde ich seine funkelnden Augen vergessen, als ich ihm das vom Fußballspieler Fernando Cavenaghi signierte Trikot mitbrachte. Er ließ es einrahmen. Und mein Foto auch! Für die Argentinier ist Fußball wichtiger als das Leben. Diego Maradona gilt als Halbgott. Die *aficionados* des runden Balles wären zu allen Opfern für die Nationalmannschaft bereit. Die High Society hingegen bevorzugt die Polowettbewerbe in Palermo, wo der Schriftsteller Jorge Luis Borges lebte.

Etwa 1.000 Kilometer westlich in Mendoza, im „Unterbauch" Argentiniens, stößt man, bevor sich die Abenddämmerung auf die Berge legt, mit Torronté an, knabbert einige empanadas, gefüllte Hackfleischtaschen. Am liebsten mag ich die von Victoria, der Köchin der bodega Monteviejo. Ich mag es auch, wenn die Gebirgskette der Anden verstummt.

Spanien

Meinen ersten Abstecher nach Rioja machte ich 1987. Dort traf ich einen Franzosen, Jean Gervais, den Besitzer der Bodega Palacio. Unsere Beziehung hätte damit enden können. Als ich ihn nach dem Termin für die Weinlese fragte, antwortete er: „12. Oktober". In La Rioja ist es Brauch, die Mutter Gottes an einem langen Wochenende, bei dem die Familien zusammenkommen, zu ehren. Die Weingüter in dieser Region sind hauptsächlich im Familienbesitz. Wie so oft behindert Tradition die Reflexion. Und Probleme kamen scharenweise, wie die Heuschrecken in der Bibel. Der Weinkeller war 25 Jahre früher nach avantgardistischen Grundsätzen gebaut worden: Gravitationsprinzip und selbstleerende Tanks, die sich direkt in die Presse entleerten. Das Unternehmen, das ihn entworfen hatte, musste an Größenwahn gelitten haben. Gargantua hätte sich dort wohl gefühlt. Alles war riesig: Traubenmühlen, die 20 Tonnen Trauben pro Stunde verschlingen konnten, Tanks mit einem Fassungsvermögen von 400 und 500 Hektolitern, eine kontinuierliche Presse, natürlich. Eine gewiss moderne Anlage, aber für qualitativ hochwertige Weine ungeeignet. Wir mussten uns damit abfinden.

Der Fassbestand hingegen war klassisch. Die Vorschriften in La Rioja schrieben lächerliche Zeiten für den Weinausbau vor, weshalb sich die Weinkeller nicht mit hochwertigen Fässern belasteten. Die meisten waren gezwungen, es bei sehr alten Fässern zu belassen, die für die Qualität des Rebensaftes zwangsläufig schädlich waren. Eine Lösung war geboten: das „große Reinemachen"! Damals hatten die Riojas einen charakteristischen Geschmack nach altem, modrigem Holz, erdig und staubig. Selbst jemand ohne Geruchssinn hätte ihn erkannt! In diesen klobigen Gefäßen, in denen die Temperatur nicht kontrolliert wurde, war es schwierig, elegante und frische Weine auszubauen. Im Jahr 1987 brachten wir jedoch mit Cosme Palacio einen Wein zustande, der von den alten Dämonen der Region befreit war. Wahrscheinlich hatten wir die kleinlichen Vorschriften vor Ort etwas frei interpretiert, die Menge in den Fässern überschritten und uns mehr Zeit gelassen, um einen guten Tropfen zu erhalten.

1989 kam ein charmanter Mann, der das „R" leicht rollte, nach Bordeaux. Er wollte, dass ich ihn in Rioja beriet. Professor Peynaud, mit dem er lange zusammengearbeitet hatte, wollte in Ruhestand gehen. Enrique Forner hatte Marqués de Cáceres Anfang der 1970er gegründet. Er konnte einen modernen, frischeren Weinstil durchsetzen, der sich von dem der herkömmlichen Riojas unterschied. Dieses Produkt, das in erheblicher Menge in einem unverhältnismäßig großen Weinkeller erzeugt wurde, war ein schöner Erfolg. Die industrielle Dimension schränkt häufig eine genaue Arbeit ein. Einige Monate später lernte ich ein Team kennen, das aus dem Marqués de Cáceres ein Aushängeschild dieser schönen Region machen sollte. Ich erinnere mich an endlose Auseinandersetzungen, als es darum ging, eine Ernte zu beurteilen oder den Verschnitt für die Crianzas, Reservas und Gran Reservas festzulegen. Mit Herrn Forner und seinem gediegenen Charakter gab es energische, aber dennoch höfliche Wortgefechte. Seine Tochter Christine erwies sich als ebenso hartnäckige Verkosterin. Sie nimmt heutzutage an jeder Verkostung teil. Bereits 20 Jahre besteht dieses Unternehmen. Herr Forner starb leider im Jahr 2011.

August 1990. Ich besuchte das erste Mal Marqués de Griñón, ein Weingut in Malpica, südwestlich von Madrid, das meinem Freund Carlos Falco gehörte und 1976 nach den Ratschlägen von Émile Peynaud angelegt worden war. Da Letzterer nicht mehr so weit in Spanien herumfahren wollte, bat Carlos mich, seine Nachfolge anzutreten. Obwohl der Professor vom Petit Verdot abgeraten hatte, empfahl ich zwölf Jahre später, ihn anzupflanzen. Glücklicherweise offenbarte diese als so schwierig geltende Sorte an diesem Ort all ihre Stärken. Heute ist Marqués de Griñón einer der besten Weine aus dieser Rebsorte, wenn nicht sogar der beste auf der Welt. Ein Jahrzehnt später geht die Geschichte weiter und zählen die

Weine weiterhin zu den bemerkenswertesten Spaniens. Der Marquis, ein studierter Agraringenieur, war wirklich mit Leidenschaft bei der Sache, um diesen untypischen Weinberg zu errichten und zu erhalten, aber auch die angestaubten Vorschriften des Landes zu bekämpfen, die wahrscheinlich zu den strengsten zählen, was Gesetze und Kodifizierungen betrifft. Die europäische Agrarpolitik bedeutet, offen gesagt, viel Papierkram und Nutzloses. Wie könnte man die Unfähigkeit der Theoretiker unterstützen, die einen Rebstock nicht einmal von einem Zaunpfahl unterscheiden können? Vor den Gegebenheiten vor Ort geschützt, weigern sie sich, Erleichterungen zu gewähren.

Im Jahr 2001 kreierten wir mit Jacques und François Lurton einen neuen Wein in Toro, Campo Eliseo, eine prachtvolle Weinregion zwischen Ribera del Duero und Portugal. Das Kontinentalklima führt zu fleischigen und kräftigen Tempranillo-Weinen. Ich träumte davon, in Spanien Wein zu machen. Wieder einmal ist ein Traum wahr geworden.

Italien

Im Jahr 1991 traf ich nach einem Vortrag auf der Vinexpo, der weltweit größten Weinmesse, zwei Italiener. Der erste, Ambrogio Folonari, leitete das Weinhaus Ruffino, einen Erzeuger und Händler. Er besaß Weinberge in verschiedenen Gegenden der Toskana, beklagte jedoch, dass die Qualität seiner Weine stagnierte. Die innerfamiliären Blockaden behinderten jegliche Weiterentwicklung. Es war nicht leicht, aber wir waren entschlossen, alle Hindernisse zu überwinden. Dank des großen Verständnisses füreinander haben wir überraschende Ergebnisse beim Verschneiden der Weine erzielt. Ich bin überzeugt, dass Empathie zu Effizienz führen kann. Der zweite, Lodovico Antinori, ein Schöngeist, sprach ein mit Italienisch vermischtes Französisch und hatte gerade, ebenfalls in der Toskana, mit dem amerikanischen Starönologen André Tchelistcheff aus dem Napa Valley Ornellaia kreiert. Letzterer hatte seine Arbeit aus Altersgründen aufgegeben. Hätte man ihm, dem 90-Jährigen, das vorwerfen können? Der zähe und hartnäckige Lodovico hatte nur ein bescheidenes Ziel: die besten Weine Italiens herstellen! Die Richtung war immerhin klar.

Es gab damals zwei Spitzenprodukte: Masseto (30.000 Flaschen) und Ornellaia (200.000 Flaschen). Das eine war ein reiner Merlot, das andere eine Mischung aus verschiedenen Rebsorten: Cabernet Sauvignon, Cabernet Franc, Merlot und Petit Verdot. Lodovico Antinori hat es geschafft: Diese beiden Weine wurden zu Sinnbildern für die hervorragende Qualität italienischer Weine. Echte Kunstwerke, um die sich die Sammler reißen. Innerhalb von zehn Jahren wurde Bolgheri, dieser kleine Ort in der Toskana, genauso berühmt wie Pomerol oder Le Montrachet. Diese große Gegend überragt das Mittelmeer, das sich in der Ferne erstreckt. Heute gehört sie der Familie Frescobaldi. Die lange Tradition der Qualität wird dort streng respektiert. Das Team vor Ort stellt weiterhin außergewöhnlich feine und komplexe Weine her. Die Nachfrage ist stets höher als die Produktion. Ein langjähriger Erfolg, den viele neiden.

Ich habe eine ergreifende Erinnerung an unsere Erkundung der Toskana. Dany und ich flogen im Helikopter darüber. Ockerfarbenes Land mit von Eiben gesäumten Wegen. Mir wurde erzählt, dass eine elegante Marquise im 17. Jahrhundert gern Ausritte unternahm. Ihre durchscheinende Haut vertrug keine Sonne. Um sie zu schützen, ließ ihr Mann ihr tausende Pinien pflanzen. Wie könnte man dem Charme dieser Region, ihrer Küche, ihren *patés di cinghiale*[79], ihren Einwohnern nicht verfallen? All diese Villen im Hang, Terrassen voller Mimosen, Girlanden aus Rebstöcken, Olivenhaine, diese mit Buchsbaum gesäumten Gärten, in denen der raue Gesang der Zikaden den Sommer ankündigt. Und dann noch Florenz mit seinen Hügeln in der Ferne, seinen weißen Kirchen, dem ungestümen Arno, der heller als unsere Garonne ist.

Indien

„Dieses alte Wunderland"
Stefan Zweig

Das Jahr 1993 war reich an Begegnungen. Ich lernte Herrn Grover kennen, der aus Indien kam, um mir von seiner Leidenschaft für Wein und das Kochen zu erzählen. Dieser Mann in den Siebzigern überraschte zunächst durch seine Eleganz. Ungekünstelter englischer Chic. Ein schönes, ausgemergeltes, fast asketisches Gesicht. Sein Vater war – so wurde mir erzählt – der Hofmeister einer Maharadschafamilie. Kandwal Grover hatte sich die Manieren und den Kleidungsstil der Aristokraten bewahrt. Hosen mit tadellosen Falten. Er träumte davon, in seinem Land Wein herzustellen. Was gibt es Angenehmeres, als den süßen Hirngespinsten jener zu lauschen, die sich bemühen, unvernünftig zu sein? Sein Eigensinn war möglicherweise eine Erklärung für seine unverwüstliche Jugend. Er erzählte mir geduldig, was er unternommen hatte. Er hatte Rebstöcke gepflanzt, die kaum wuchsen und deren Wein, offen gesagt, mittelmäßig war. In meinem tiefsten Inneren sagte ich mir: „Indien, das ist nichts für dich. Du solltest das Abenteuer besser in Ländern suchen, die Weinbautradition und Weinkultur besitzen …" Damit verkannte ich die Überzeugungskünste dieses Herrn und seines Sohnes, die bei einem weiteren Besuch in Paris schließlich meine Reise nach Indien organisierten.

Erster Besuch im August. Meine Frau und ich fuhren durch dieses riesige Land, von Bombay nach Delhi über Bangalore, wo der Weinberg lag. Wir befanden uns mitten im Sommermonsun, aber im Süden Indiens ist er nicht so heftig. Wir lernten die indische Küche kennen, Dal und Tandoori, mit ihren geschickten Gewürzmischungen. Aber auch die farbenfrohen

Basare, die glitzernden Juwele. Frauen mit großen, flehenden Augen, in Saris gewickelt, beobachteten uns. Bei all unseren Touren war es Herrn Grover ein Anliegen, dass alles perfekt ist. Und das war es. Er telefonierte mit den Restaurants, um sich zu erkundigen, was uns angeboten würde. Für uns Europäer ist dieses Land von einem Ende bis zum anderen wirklich faszinierend. Die Engländer hatten sich nicht geirrt. Überall Armut, nirgendwo Neid. Lächelnde und liebenswürdige Menschen. Hätten sich die Katholiken von den hedonistischen Prinzipien dieser Menschen inspirieren lassen, würde man bei uns in Europa vielleicht weniger schlecht mit dem Leben umgehen.

Beim Weinbau schien das von unserem Gastgeber gezeichnete Bild mit der Realität übereinzustimmen. Die Rebstöcke entwickelten sich wenig und die Weine zählten nicht zu den spannendsten, die ich probiert hatte. Mein Mitarbeiter Julien Viaud und ich überschlugen die ungeheure Arbeit, die zu leisten wäre. In diesen tropischen Regionen haben Pflanzen keine Vegetationsruhe. Wir würden lernen müssen, dieses Phänomen unter Kontrolle zu bringen. Natürlich hatten Vater und Sohn in ihrem Etat zwei Ernten pro Jahr eingeplant, was in der Natur, zumindest theoretisch, möglich war. Im indischen Klima gibt es nur zwei Jahreszeiten: „Wintermonsun mit Trockenzeit" von Oktober bis Juni und „Sommermonsun mit Regenzeit" von Juni bis September. Aus Gründen der Vorsicht sollte ein Erntezyklus in der Trockenzeit und der andere während der Regenzeit erfolgen. Zum Leidwesen der Umsatzzahlen beschlossen wir, mit der Ernte der Trauben im September aufzuhören: Die Früchte waren von der Sauerfäule zerstört worden, bevor sie reif geworden waren. Die Qualität des Mosts aus den Trauben war nicht ausreichend. Nach der Ernte im Mai mussten allerdings die Rebstöcke beschnitten, nach der Blüte die Früchte ausgelichtet und im Oktober die ruhenden Knospen erneut zurückgeschnitten werden.

Die Rebstöcke, die damals alle auf einer Pergola gezogen wurden, wurden von Granitsäulen gehalten, die man in dieser Region in Hülle und Fülle sieht. Was für eine Schönheit! Während der Regenzeit verwandelten sich die Böden aufgrund ihres hohen Tongehalts in Schlamm, in der Trockenzeit dann wieder in Beton. Dieses Phänomen der natürlichen Verdichtung ist zum Teil eine Erklärung für die geringe Kraft der Pflanzen. Recht ungewöhnliche Bedingungen für einen Weinberg: Die Rebstöcke stehen fünf Monate im Wasser und das restliche Jahr in Beton! Nach zwei oder drei Jahren harter Arbeit hatten wir es mit dem jungen Franzosen Bruno Yvon, der ständig vor Ort war, schließlich geschafft, richtigen Wein herzustellen. Eine wahre Meisterleistung in Anbetracht des Personals vor Ort, dessen Unfähigkeit nur von seiner Liebenswürdigkeit übertroffen wurde, aber auch in Anbetracht der armseligen und schlechten Ausrüstung des Weinkellers. Der Anfang war sicherlich kompliziert, aber innerhalb einiger Jahre hatten sich Produktion und Qualität erheblich verbessert.

Zur selben Zeit griffen die Inder bei den Mahlzeiten immer öfter zu Wein statt zu Whisky. Natürlich wird Indien nie zu einem Land der großen Weine, aber die Weine dort können ansprechend sein. Die Größe der indischen Bevölkerung bringt die Wein erzeugenden Länder zum Träumen, denn die Anzahl an Konsumenten dort ist, wie auch in China, enorm.

Chile

Während der Vinexpo 1993 trat ein lächelndes Paar an meinen Stand: Alexandra und Cyril de Bournet. Eine wichtige Begegnung in meiner beruflichen Laufbahn als „fliegender" Önologe. Alexandra – die Tochter von Jacques Marnier und Erbin der gleichnamigen Likördestillerie – schritt durch die Flure auf der Suche nach mir, die Zeitschrift *Revue vinicole internationale* unter dem Arm. Marie-Claude Fondanaux hatte einen recht schmeichelhaften Artikel über mich geschrieben. „Wir wollen in Chile Wein machen. Ich habe das hier gelesen. Sie sind der Mann, den ich brauche. Aber ich bitte darum, dass wir Ihr einziger Kunde in diesem Land sind", erklärte mir Alexandra sofort. Ein derartiges Privileg hatte ich wirklich noch nie in Betracht gezogen, denn ich war nicht daran interessiert, meine Tätigkeit einzuschränken. Was wäre aus mir geworden, wäre ich nur Bordeaux treu geblieben? Ich überlegte. Die südamerikanischen Weingüter, die ich beriet, lagen alle in Argentinien. Warum nicht einen einzigen Kunden in Chile annehmen? Die Entscheidung lag dennoch nicht klar auf der Hand, da sich Exklusivität in unserem Beruf als Bremse herausstellen kann. Wenn man mit mehreren Kunden zu tun hat, sammelt man wertvolle Kenntnisse über ein Land, seine klimatischen Verhältnisse, seine Böden, sein Potenzial. Mit Clos Alpata schafften wir es trotzdem, einen der führenden Weine Chiles, Nummer 1 der Top 100 im *Wine Spectator*, zu kreieren. Heute eine in der Welt anerkannte und geachtete Marke.

Juli 1993, erster Flug nach Chile und erste Unannehmlichkeiten. Paris-Madrid, Madrid-Buenos Aires, Buenos Aires-Santiago de Chile. Heiteren Schrittes kam ich zur Polizeikontrolle. Der Angestellte blätterte geduldig in meinem Reisepass auf der Suche nach meinem Visum. Aber da war ganz eindeutig keines. Die Gesellschaft Iberia hatte vergessen mir mitzuteilen, dass Franzosen für Chile ein Visum benötigen. Ich wurde quasi in militärischer Begleitung in ein ebenso winziges wie dunkles Zimmer gebracht, das ich nicht verlassen durfte. Damals gab es noch keine Handys. Nach zwei Stunden erfolglosen Gesprächen setzte man mich, noch immer nicht übertrieben freundlich, in ein Flugzeug nach Buenos Aires. Es mag Jacques Brel gefallen oder nicht, aber ohne Visum ist der Flughafen Santiago de Chile genauso trist wie Orly. In der Zwischenzeit hatte mir die französische Botschaft in Argentinien den kostbaren „Sesam, öffne Dich!" vorbereitet. Am selben Tag kehrte ich mit einem anderen Flug nach Chile zurück. Glücklicherweise hatte ich nicht wieder mit demselben Polizisten zu tun. Hätte er mich erneut kontrollieren müssen, hätte er einen Herzstillstand bekommen.

Nach meinem ersten Besuch während des dortigen Winters erzählte man mir immer wieder, dass auf den Weinbergen Merlot angepflanzt war. Das glaubte ich natürlich. Während der Vegetationsruhe der Rebstöcke kann man die Rebsorten nicht eindeutig bestimmen. Als ich im November wiederkam, hatten die Rebstöcke Blätter, es war die Zeit nach der Blüte. Ich erinnere mich noch sehr gut, was ich beim Betrachten der Rebstöcke dachte: „Ich weiß nicht, welche Rebsorte das ist, aber Merlot ist das nicht!" Von Professor Boursicot erfuhren wir, dass es sich um Carménère handelte, eine Rebsorte, die ursprünglich aus dem Bordeaux stammte und bei der Zerstörung der Weinberge durch die Reblaus verschwunden war. Ich hatte sie noch nie gesehen. Meine Kenntnisse in Rebenkunde, das muss ich zugeben, sind immer noch begrenzt. Die Chilenen logen, ohne es zu wissen.

Sie logen übrigens noch lange, und das ohne jegliches Bewusstsein einer Schuld. Warum? Weil Merlot einfach beliebter war. Noch einige Jahre lang weigerten sie sich, die Rebsorte auf ihrem Weinberg zu entschleiern. Ihnen wurde verziehen. Für sie gab es nur eine Wahrheit: Merlot hatte großen Erfolg auf dem amerikanischen Markt. Und als er wegen der mittelmäßigen Qualität der hergestellten Weine (vor allem in den USA) in Verruf kam, schrien die chilenischen Weingutsbesitzer lauthals, dass das Land viel mehr Carménère als Merlot produzierte. Sie machten somit einen historischen Fehler wieder gut. Die Verteidigung der Interessen bringt die Leute immer zum Reden ...

Seit 18 Jahren wird nun in Chile professionell Wein angebaut. Wie in allen Ländern der Neuen Welt waren die Fortschritte beachtlich. Die Qualität der Weine lässt sich heutzutage nicht von der Hand weisen. Einziger Wermutstropfen: Der Weinbau wird ausschließlich von einigen Großunternehmen getragen. Eine große Anzahl kleinerer Produzenten hätte sicherlich mehr zum internationalen Ansehen der chilenischen Weine beigetragen.

Portugal

Im Jahr 1994 fuhr ich zum ersten Mal nach Portugal. Ich wurde von Aliança kontaktiert, einem wichtigen Unternehmen, das seine Exporte ausbauen und seine Weine verbessern wollte. Ich lernte neue Rebsorten wie Baga, Touriga Nacional, Touriga Franca und so viele andere kennen. Eine wichtige Erfahrung mit einem Team, das genauso entschlossen wie begeistert war. Neuerungen sind immer aufregender als Wiederholung. In diesem Land sind die Traditionen stark und ist die Küche einfach, aber schmackhaft. Anfang des 21. Jahrhunderts bat mich die Stiftung Eugénio de Almeida, in Evora in der Region Alentejo einen hochmodernen Weinkeller umzusetzen.

Marokko

1999 bat mich der ewig unzufriedene Bernard Magrez um eine Besichtigung seines Weinbergs in Meknès, um abzuschätzen, was verändert werden müsste. Ich erinnere mich noch an die Gespräche und vor allem die unaufhörlichen und exakten Fragen während des Fluges. Marokko ist kein Land, in dem der Weinbau problemlos verläuft. Anfang Juli sah alles gut aus: Die schönen grünen Rebstöcke versprachen eine üppige Ernte. Zwei Wochen später blies der Sharki, ein Saharawind. Innerhalb weniger Stunden verloren die Trauben 50% ihres Gewichts. Das war nicht unser Ding. Die köstliche und üppige Küche hält von jeder Diät ab.

Südafrika

Im Jahr 1998 hatte ich begonnen, das Château Clarke, das Nadine und Benjamin de Rothschild gehört, zu beraten. Wichtige Arbeiten wurden am Weingut vorgenommen, das von dem 1997 verstorbenen Baron Edmond entworfen und umgesetzt worden war. Es war nur noch eine kleine Hilfe-stellung nötig, um das Produkt und das Image dieses schönen Weinberges voranzubringen. Der Betriebsleiter, Bertrand Otto, ein großer und sympa-thischer junger Mann mit germanischem Äußeren, aber mediterranem Mundwerk, bat mich, in Südafrika tätig zu werden, wo die Familien Rothschild und Rupert sich gerade zu einem Kellerprojekt zusammen-getan hatten.

Richtung Kapstadt, wundervolle Stadt, vom Tafelberg dominiert. Das Weingut, Fredericksburg, stellte erst seit einem Jahr Wein her. Mir fielen sofort die moderne Infrastruktur und die Effizienz des jungen Önologen, Schalk-Willem Joubert, auf. Dieser kräftige Junge, ein Arbeiter, hatte ver-standen, dass Psychologie genauso wichtig ist wie Önologie. Ihm stand ein gewichtiger Verwaltungsrat gegenüber. Wie bei allen Weingütern der Neuen Welt wurde die richtige Art des Anbaus gesucht. Aber von *bush vine* über nebeneinander liegende Rebreihen bis hin zu den Plantagen auf den Anhöhen, wir zeigten überall nur Zusammenhangslosigkeiten auf. Die junge Generation, die erst seit Kurzem am Steuer war, reiste und informierte sich. Es hieß immer wieder: „Wir sind hier in Südafrika und hier ist alles anders." Eine Ausnahme, die irgendwie überall in der Welt als Vorwand genutzt wird. Offensichtlich kann jedoch niemand darüber hin-wegsehen: Ein schlechter Weinberg gibt schlechte Trauben, ein gepflegter Weinberg kann gute Trauben geben.

Ich stellte fest, dass viele Rebstöcke herausgezogen und neu gepflanzt werden mussten. Südafrika erwies sich als virusbefallenes Land. Mit Rosa Kruger, einer Beraterin für Weinbau, diskutierten wir lange. Einige Jahre später würden wir auf dem zauberhaften Gut L'Ormarins schöne Parzellen mit hoher Dichte anlegen. Wir hatten es mit schwierigen Reifebedingungen zu tun, wie so oft auf der Südhalbkugel. Es war nicht leicht, die richtige Reife der Früchte mit einem vernünftigen Alkoholgehalt im Wein zu erzielen. Pinotage, eine Kreuzung aus Pinot Noir und Cinsault, ist die typische Rebsorte des Landes, die vor Ort seltsamerweise wenig geschätzt wird. Ich finde es interessant, dass jedes Anbaugebiet seine vorherrschende Sorte hat: Carménère in Chile, Malbec in Argentinien, Tempranillo in Spanien, Sangiovese in Italien.

Ich kreierte Bonne Nouvelle, der auf dem bezaubernden Gut Remhoogte Estate der Familie Boustred, auf dem Cabernet Sauvignon, Merlot und Pinotage angepflanzt werden. Die Schönheit der Region Kapstadt ist überraschend. Christian Dauriac, ein 50-jähriger Freund, hat das Weingut Marianne erworben. All diese französischen Namen stammen von den vor der Verfolgung geflohenen Hugenotten[80]. Traurige Konstante der Geschichte: Die Religionen führen häufig zu Fanatismus und manche bringen viel Talent auf, um Mord und Glauben zu verbinden.

Ungarn

Im Juli 1989 besuchte ich zusammen mit Jean-Paul Marmin und Jeffrey Davies zum ersten Mal Ungarn. Bei den Weinkellern rund um den Plattensee kam es mir vor, als wäre einer älter und schmutziger als der andere. Es war eine meiner jämmerlichsten Verkostungen außerhalb Frankreichs: Die – offen gesagt schlechten – Weine schmeckten fremd und hatten eine schwer vorstellbare „Komplexität".

Zweiter Besuch im November 1989. Das Land jubelte, die Berliner Mauer war gerade gefallen. Das Ende des Kommunismus stimmte euphorisch. Ich fuhr mit Jean-Michel Arcaute nach Tokaj, er wollte dort in diese seit dem 16. Jahrhundert berühmten Likörweine investieren. In jenem Jahr wollte der Staat seine unter dem schwierigen Namen „Kombinat" zusammengefassten Weingüter mit den Rebstöcken, den Weinkellern und den Weinvorräten verkaufen. Eine Reihe von Verkostungen, wahrscheinlich die merkwürdigsten meiner Karriere, begann. In den Weinkellern, die 20 Meter in die Erde gegraben waren, lagerten entsetzliche Weine, aber auch wahre Schätze. So konnte ich Tokajer 6 Puttonyos von 1957, noch im Fass, und 40 Jahre alten Eszencia, der nur 4 % vol. Alkohol hatte, probieren. Auf dieser Wein-Irrfahrt durch die Tiefen der Zeit entdeckten wir einige außergewöhnliche Tropfen. Die Schattenseite: Bei keinem unserer regelmäßigen Besuche alle zwei Monate wurden uns dieselben Proben vorgesetzt.

Es gibt verschiedene Varianten des Tokajer. Eszencia ist das Ergebnis des natürlichen Herauslaufens des zuckerhaltigen Saftes aus den botrytisbefallenen Trauben, die in großen Behältern gelagert sind, die bis zu fünf

Tonnen Früchte fassen. Die Konzentration des Mosts kann bis zu 600 Gramm pro Liter erreichen. Er gärt nicht. Nur durch die Alterung in den Weinkellern kann die Oberfläche durch die Umgebungsfeuchte verdünnt werden. Dadurch sinkt der Zuckergehalt, was die Gärung ermöglicht, die beinahe sofort durch den Alkohol gestoppt wird. Einige Monate später setzt die verdünnte Oberfläche wieder die Gärung in Gang. Aus diesem Grund haben die Weine, die seit 20 Jahren im Fass lagern, einen Alkoholgehalt von 4–5 % vol. Die Qualität der Tokajer ist in drei bis sechs Puttonyos gestaffelt. Traditionsgemäß wurden die gepressten Säfte aus drei, vier, fünf oder sechs besonderen Kiepen[81] mit einem Fass[82] trockenen Weines des Vorjahres gemischt. Bei diesem Verschnitt wurde ein Zuckergehalt von bis zu 200 Gramm pro Liter erreicht. Er gor erneut und blieb mehrere Jahre bei 13 °C im Keller, bevor er in den Vertrieb kam.

Die gepressten Moste mit sehr stark variierendem Zuckergehalt kamen in den Keller. Während der Gärung entstand Kohlendioxid. Folge: Drei oder vier Monate lang ging niemand in den Keller, um die Fässer zu kontrollieren. Man musste warten, bis das CO_2 verschwunden war. Erst dann konnten die Fässer überprüft werden: Einige waren gegoren, bei anderen war der Gärprozess stecken geblieben, wieder andere waren wegen eines zu hohen Gehalts an flüchtiger Säure nicht mehr zu retten. Ich hatte mir überlegt, dass es nicht schwer wäre, das aus den Fässern kommende CO_2 in Soda einzublasen, um irgendein Karbonat zu bilden … Ich sehe noch die Arbeiter auf dem Weingut vor mir, die mich beobachteten, als ich wie ein Bergmann mit einer Kerze auf einem Stock die Kellertreppe hinabging, um zu prüfen, ob das Gas verschwunden war. Sie rechneten nicht damit, mich lebend wiederzusehen. Als ich mit einem breiten Grinsen wieder heraufkam, trauten sie ihren Augen nicht. Ich hatte wie durch ein Wunder überlebt. Ich erinnere mich auch noch an ihre Reaktion, als die Edelstahltanks aufgestellt wurden. Sie schlichen sich langsam heran. Dann warteten sie, bis wir ihnen den Rücken zugedreht hatten, und streichelten langsam mit der Hand darüber wie über eine verbotene Frucht.

Mexiko

Wir saßen im L'Auberge du Soleil, einem in die Hügel eingebetteten Restaurant in Rutherford im Napa Valley, und aßen gemütlich zu Abend. Am Nachbartisch saß ein französischer Fassbauer mit seinen Kunden. Während des Essens kam Alain Fouquet zu mir: „Herr Ernesto Alvarez-Murphy Camou möchte dich treffen." Ich kam seiner Bitte nach. Der Mann empfing mich humorvoll auf Spanisch: „Sie sind mit Ihrer Familie hier?" „Ja, ich bin mit meiner Tochter Marie und meiner Nichte Virginie Rolland hier." Und er antwortete sofort, wie selbstverständlich: „Ich lade Sie alle für das nächste Wochenende nach Mexiko ein!" Verdutzt überlegte ich einige Sekunden. Warum nicht annehmen? Ich kannte das Land nicht.

Zwei Tage später landeten wir in San Diego. Richtung Château Camou. Das Weingut lag im Bundesstaat Baja California bei Ensenada. Eine kleine Bergkette schützte diesen Ort vor der Kälte des Pazifiks. Riesige alte Granitsteine säumten das Tal. Mir fiel ein Rebstock Sauvignon Blanc auf, der ungefähr 50 Jahre alt war. Ein Beweis dafür, dass die Weinproduktion hier nicht neu war. Nach der Besichtigung und der Verkostung stellte ich fest, dass viele Erneuerungen nötig wären. Ich arbeitete dort sechs Jahre lang. Als wir durch die Weinberge gingen, machte mir ein Angestellter ein Zeichen: In einem Plastikfass waren fünf Klapperschlangen hübsch ineinander verknotet. In dieser Gegend fangen die Arbeiter sie lebend und verkaufen sie dann an Labors, die Antivenine herstellen. Ich muss nicht dazusagen, dass Marie und Virginie genau darauf achteten, wohin sie traten.

Brasilien

Wie könnte man Rio de Janeiro mit seinem Samba und seinem Karneval vergessen? Das historische Weinbaugebiet befindet sich im Süden, bei Porto Alegre im Tal Los Vinedos zwischen Caxias do Sul und Bento Gonçalves. Seitdem sind weitere Anbaugebiete entstanden. Der vormals schwierige Weinanbau wird von Jahr zu Jahr besser. Er muss noch etwas reifer werden. Heute gibt es Anbaugebiete bis in den Norden. In dem tropischen Klima hören die Pflanzen nie auf zu wachsen. In ein und demselben Weingut kann man daher gleichzeitig blühende Rebstöcke sehen, andere, die abgeerntet werden können, und wieder andere ohne Blätter und Triebe. Miolo, das Unternehmen, mit dem ich seit fast zehn Jahren arbeite, besitzt Weinberge in fast allen Gebieten. Bruno Lacoste ist mein aktiver Mitarbeiter.

Bulgarien

Wie überrascht ich war, als ich einen Anruf aus Bulgarien bekam! Ich kannte dieses Weinbau treibende Land. Ich erinnerte mich, dass es in den 1990ern für die Überraschung auf der Vinexpo gesorgt hatte, als es den günstigsten Wein der Messe anbot. Als ich dorthin reiste, war ich schockiert: Die Infrastruktur der Weinkeller schien absolut veraltet, arme, verfallene Reste des kommunistischen Regimes. Die Weine schienen mir allerdings stimmig. Unter diesen Umständen eine echte Errungenschaft. Ich stellte mir Fragen. Telish, das Unternehmen, das Kontakt mit mir aufgenommen hatte, wurde von Jair Agopian geleitet. Eine markante Person. Dieser gestresste, clevere, kämpferische Mann in den Vierzigern strotzte vor Ehrgeiz. Der erste seiner Pläne: den bulgarischen Wein und seinen Ruf in der Welt voranbringen. Er stellte unermüdlich Fragen, wollte alle qualitativen Verfahren kennenlernen. Er hatte mehr Fragen als ich Antworten. Ich musste ihn ebenso bestärken wie ermuntern. Ich war mir sicher, dass auch er seine Revolution vollbringen würde.

Wir bepflanzten 170 Hektar Weinberg mit einer Mischung aus verschiedenen Rebsorten: Cabernet Sauvignon, Merlot, Syrah, Cabernet Franc, Pinot, Petit Verdot. Wie bei allen neuen Gebieten hatten wir keine vorgefasste Meinung darüber, welche Sorte einer anderen vorzuziehen wäre. Besser wäre es, sich erst einmal „breit aufzustellen" und dann auszusortieren. Im Burgund hatten die Mönche 600 Jahre lang Zeit, die klimatischen Verhältnisse zu beobachten. Man kann nicht den Anspruch erheben, nach fünf Jahren alles zu wissen. Dann wurde beschlossen, einen modernen Weinkeller zu bauen, der vollständig nach dem Gravitationsprinzip funktioniert, und einer Weinbereitung in Fässern den Vorzug zu geben. Jair

Agopian hatte verstanden, dass er die Weiterbildung seiner Angestellten fördern muss, um sie anzuspornen. Er entschied sich, drei junge bulgarische Önologen einzustellen, Plamena Kostova, Todor Katsarov und Anton Dimitrov, und ließ sie bei angesehenen Weingütern in Frankreich, den USA, Argentinien, Chile und Südafrika Praktika machen. Schließlich hatte er ein dynamisches Team, das für ihn da war und Fortschritte erzielen wollte. Jeder von ihnen stellte weiterhin eine seltene Kraft unter Beweis. In diesen Ländern möchte man vorankommen, weil man sich erinnert. Für die anderen Angestellten ließ Jair Agopian eine Kapelle bauen. Nach der Arbeit die Andacht. Alle hielten sie ein. Auch darin liegt der Erfolg.

Aus den Trauben des alten Weinbergs der Kolchose, der aufgrund seines Alters so besonders ist, werden zwei prächtige Weine hergestellt, Via Diagonalis und Castra Rubra. Bulgarien, das am Schwarzen Meer liegt, besitzt Weinbauregionen mit großem Potenzial. Die Weine von dort sind nicht mehr die günstigsten, aber das Preis-Leistungs-Verhältnis ist unschlagbar. Jeder Jahrgang bestätigt den Fortschritt.

Türkei

In der Türkei ist eines meiner neuesten Projekte angesiedelt. Dieser wunderschön und dicht bepflanzte Weinberg, der über die Dardanellen wacht, bringt zweifellos Weine von sehr gutem Niveau hervor. Die Besitzer, mein Mitarbeiter Steve Blais und ich, hoffen, 2012 die Bestätigung dafür zu erhalten.

Armenien

Das Leben schreibt seltsame Geschichten. Dazu gehört auch mein Treffen mit Eduardo Eurnekian. Unser erstes Gespräch hat mich, offen gestanden, nicht davon überzeugt, nach Armenien zu fahren. Einige Jahre später jedoch wurde dieser Geschäftsmann Partner einer argentinischen *bodega*, die mich zurate zieht, und bat mich, ihn erneut zu treffen. Bei diesem zweiten Treffen verstand ich, was ich beim ersten Mal nicht verstehen wollte: seine Heimatverbundenheit. Anfang 2010 beschloss ich, ihn bei seinem Abenteuer zu begleiten. Noch einer, der für das Unmögliche kämpft. Er legte in seinem Land einen wunderbaren Weinberg an, die Wiege der Zivilisation des Weines, an dem selbst Steine schneller als an jedem anderen Ort der Welt zu wachsen scheinen.

Kroatien

Die Herrlichkeit der kroatischen Küste! Eines Tages im Juni 2009 sagte ich zu meinem Kunden Ernest Tolj: „Wenn wir an einem solchen Ort keinen guten Wein machen, dann wechsle ich meinen Beruf!" Er nahm das, was ein Scherz hätte bleiben können, sehr ernst. Ein neues Abenteuer zeichnete sich ab und mein Bauchgefühl sagte mir, dass ich es nicht ausschlagen sollte. Ich hatte immer daran geglaubt, dass sich die Schönheit eines Ortes und die Qualität der Weine gegenseitig beeinflussen. In Kroatien tauchen die Hügel in die Adria und der Wein, diese „Königin der Pflanzen", wie es Gaston Bachelard so schön formulierte, wächst auf unzähligen Inseln. Ein seltener Anblick. Mein Mitarbeiter Thierry Haberer und ich arbeiten mit einheimischen Rebsorten, vor allem Plavac Mali.

Israel

Es ist immer bewegend, wenn ein Jude und Christ seine Wurzeln wiederentdeckt. Jerusalem, Nazareth, Bethlehem. Leider herrschen in diesem Land immer noch Konflikte. Als ich die Weinberge des Unternehmens Maharal 2010 besuchte, musste ich durch Palästina und über die Golanhöhen. Ich verstand nicht, warum dieses Land keinen Frieden finden kann. Die Rebstöcke – aus denen man Wein macht, in den christlichen Gottesdiensten das Symbol für das Blut Christi – wachsen in Israel genauso gut wie in Palästina. Ich rechnete nicht damit, in diesem sonnigen Land eine solche Qualität zu finden. Ich begegnete dort auch einer unglaublichen Solidarität, die es mir ermöglichte, fast alle erzeugten Weine zu probieren. Ich liebe auch die Lichter, die auf dem Mittelmeer tanzen, die Blüten, die die Straßen säumen, und die zähe Wärme, die die ständige Hektik der Stadt niemals lähmt. In Israel ist man sich der Dringlichkeit, ist man sich des Lebens bewusst.

Kanada

Wer hätte gedacht, dass in Kanada Wein erzeugt wird? Im Jahr 2004 hatte ich die Gelegenheit zu einem Treffen mit Anthony von Mandl, einem visionären Vorkämpfer. Sein Weingut, Mission Hill im Okanagan Valley, konnte sich als Beispiel für Intelligenz und Effizienz durchsetzen. Alles in diesem Projekt war durchdacht, untersucht, erprobt. Eine Geschichte, die der Besitzer voller Liebe und Inbrunst erzählt. Ich bin nur für die Spitzenweine, Oculus, zuständig. In diesem kalten Klima ist der Weinbau nur durch die nahen Seen möglich, die ein Mikroklima schaffen. Der Weinbau wurde an die Bedingungen vor Ort angepasst und so wachsen alle Rebsorten und erzeugen frische und vollmundige Weine mit vorzüglichen Eigenschaften.

Griechenland

2005 beriet ich mit meinem Mitarbeiter Steve Blais das Gut Lazaridi im Norden des Landes. Das einzige Problem, dem wir gegenüberstanden: die große Vitalität des möglicherweise zu gut gepflegten Weinbergs. Die beiden griechischen Önologen, die an der Fakultät in Bordeaux ausgebildet wurden, erzeugen weiterhin hervorragende Weine sowohl aus internationalen als auch aus typischen, einheimischen Rebsorten.

China

Ich dachte, dass sich meine Neugier im Alter langsam legen würde, aber es scheint, als wäre sie ein hartnäckiger Virus. Lange Zeit war ich davon überzeugt, dass ich nicht nach China reisen würde, dann ließ ich mich schließlich doch verleiten. Beim Kauf des Château de Viaud in Lalande-de-Pomerol traf ich Vertreter des Konzerns COFCO Wines & Spirits, dem die Marke Great Wall gehört. Würde ich mich darauf einlassen, ihnen in China zu helfen?

Mein Mitarbeiter Steve Blais legte große Begeisterung an den Tag. Das Abenteuer war Erfolg versprechend in diesem Land, das sich mit einer beeindruckenden Geschwindigkeit entwickelt. Lange träumten wir davon, dass der Weinkonsum genauso schnell wachsen würde. Heute freuen wir uns über den stetigen Anstieg. Die Chinesen ihrerseits wurden zu Weinliebhabern und versuchen, die Phänomene des Weins und die Kunst der Verkostung zu verstehen. Bei meiner Reise dorthin besichtigte ich die Weinberge und die Infrastrukturen. Alles dort ist riesig. Ich schätzte den Bedarf ein und verstand, dass man ihnen helfen musste, besseren Wein zu erzeugen, damit die neuen Konsumenten nicht enttäuscht und sich anderen Getränken zuwenden würden. Man musste dennoch Geduld aufbringen: Es dauert Jahre, bis ein Wein Persönlichkeit erlangt.

Weine ohne Geschichte, aber mit Daseinsberechtigung. Lasst unsere Geschmackspapillen und unseren Geist neugierig sein! Warum die Gegend als absolut betrachten? Die Hierarchie wird nicht zwangsläufig durch die Vergangenheit bestimmt.

Nachwort

So gehen die Jahre dahin, mit Schwärmereien, Brüchen, Aufbrüchen, einer Menge Geschwätz, Feindschaften und nachhaltiger Leidenschaftlichkeit. Dieses vollständig dem Wein gewidmete Dasein hat mich vor Langeweile bewahrt und mir eine unablässige Hochstimmung beschert. Es musste logischerweise „in einem Buch enden"[83]. Ich wünsche all jenen, die denselben Weg gehen werden, dieselbe Begeisterung zu erfahren, „diesen inneren Gott, der so vieles möglich macht"[84].

Ich habe meinen Beruf als Önologe mit Leidenschaft gelebt und werde dies auch weiterhin tun. Ich fand, was ich nicht einmal zu hoffen wagte. Mit 63 Jahren bin ich noch nicht bereit, meinen Koffer zu packen, ich warte noch immer auf Projekte. Ich habe noch immer Lust, mich an anderen Dingen zu reiben, neue Inseln zu erobern, im Blick eines anderen diesen Glanz zu entdecken, der anzeigt, dass die Vernunft nur eines der vielen kleinen Dinge auf dieser Welt ist. Wahrscheinlich würde ich mehrere Leben benötigen, um das in Angriff zu nehmen, was ich nicht geschafft habe.

Wein – daran möchte ich noch einmal erinnern – soll vielmehr der Freude, Annäherung und dem Austausch dienen als der Abwertung. Er besitzt diese Besonderheit, mit jedem sprechen zu können. Lassen wir doch den anderen nicht mehr die Arroganz, für uns zu denken. Schlussendlich sollte das, was im Glas ist, trotz aller ideologischen Verwirrungen oder moralisierende Anliegen immer noch etwas Emotionales sein. Trotz fraglicher Beiträge zeugen ein wachsendes Interesse am Wein, an der Kunst der Verkostung und der Weinbereitung von der Notwendigkeit einer

Neubewertung. Mit der Zeit werden Vielfalt und neue Gebiete akzeptiert werden. Das ist die Wette zwischen Neugier und Blindheit. Der Triumph der Toleranz über das Prinzip der Vorsicht. Wein richtet sich heute an viele verschiedene Personen, deren Arten des Probierens, des Kommentierens und des Suchens nach Zusammenhalt und Vergnügen natürlich grundverschieden sind. Daran sollte man sich erfreuen.

Das Leben ist schön, wenn man es ständig neu erfindet. Gleiches gilt für den Wein. Dramatische Prophezeiungen werden daran nichts ändern.

Danksagung

Ich widme dieses Buch all jenen, die dieses Abenteuer ermöglicht haben: meiner Familie, meinen Kunden, meinen Mitarbeitern.

Quellenverzeichnis

1. *Guru* ist Sanskrit und bedeutet *Kenntnis*. *Gu* heißt *Schatten* und *ru* heißt *Licht*. Das Wort bezeichnet daher den Übergang vom Schatten zum Licht und ist somit weit entfernt von der heutigen negativen Konnotation.

2. Dieser öffentlich zugängliche Kurs ging dem akademischen Abschluss als Weinverkoster (DUAD – *Diplôme universitaire d'aptitude à la dégustation*) voraus und wurde von Professor Émile Peynaud an der Fakultät Bordeaux II gehalten.

3. „Die 1911 gegründete Schule des Château de la Tour Blanche war eine der ersten, in der Önologie unterrichtet wurde. 1911 waren die meisten Internatsschüler Söhne von Winzern. Etwa zehn Schüler, die von März bis September von zwei Lehrern unterrichtet wurden: Der eine unterrichtete Weinbau, der andere Önologie. Seit Jahrhunderten wurde das Wissen zum Weinbau von Generation zu Generation weitergegeben. Zu Beginn des 19. Jahrhunderts wurde man sich jedoch bewusst, dass den Jungen das Wissen zu den großen Fortschritten fehlte, die in diesem Bereich gemacht worden waren. Die Entdeckung der Mikroorganismen, der Hefen, kennzeichnet beispielsweise den Beginn der Önologie. Daniel Osiris Iffla, Besitzer des Landguts La Tour Blanche, interessierte sich sehr für diese wissenschaftlichen Fortschritte. Bei seinem Tod im Jahr 1907 vermachte er das Château dem Staat, unter der Auflage, dass dieser dort eine Schule für den ‚praktischen und kostenfreien Unterricht des Volkes' einrichtet. Für den jetzigen Direktor, Alex Barrau, war die Idee eines solchen Unterrichts damals ‚revolutionär'. Der Status der Schule wurde im Laufe der Jahre mehrmals geändert, 1960 wurde sie zur landwirtschaftlichen Oberschule." Quelle: *Cent ans d'enseignement 1er cru à la Tour Blanche* (*Hundert Jahre Premier-Cru-Unterricht in La Tour Blanche*), Zeitschrift *Sud-Ouest* vom 1. September 2011

4. Ausdruck von Gustave Flaubert

5. Auszug aus „Maximen für Revolutionäre"

6. Er hat das später als „Chaptalisierung" bezeichnete Verfahren ausgearbeitet, bei dem während der Gärung Zucker zugesetzt wird, um den Alkoholgehalt zu erhöhen. Heute ist es durch die im Vorfeld im Weinberg geleistete Arbeit teilweise überholt.

7. Damit wird die Oxidierung der stabilen Eisenionen zu instabilen Eisenionen bezeichnet.

8. Albert Camus, Rede anlässlich der Entgegennahme des Literaturnobelpreises, Stockholm, Schweden, 1957.

9. *Apostrophes* war eine Literatursendung von und mit Bernard Pivot, die zwischen 1975 und 1990 immer freitagabends auf Antenne 2 lief.

10. Er wurde 1913 in Moskau geboren und arbeitete im Weinhandel in Paris und später in den USA, bevor er 1949 die Leitung eines berühmten Weingutes im Burgund übernahm und dann

mit einer Gruppe Amerikaner das Château Prieuré-Lichine – das nach seinem Tod 1989 von seinem Sohn Sacha geführt wurde – und das Château Lascombes kaufte. Er verfasste mehrere Bücher zum Thema Wein.

11. Bezeichnung für den Zusammenschluss der Weinhändler aus Bordeaux, die den Wein, in den meisten Fällen En-Primeur-Weine, von den Erzeugern kaufen und an Vertreiber weiterverkaufen.

12. „Es ist allgemein bekannt, dass in der Region Bordeaux während der Weinlese eine interessante Mischung an Tankwagen auftaucht." Aussage zitiert von Claude Fischler, *Du vin*, Éditions Odile Jacob.

13. Kernspinresonanz

14. Ende der alkoholischen Gärung

15. Malolaktische Gärung bezeichnet den biologischen Abbau von Apfelsäure in Milchsäure durch Milchsäurebakterien. So lässt sich der Säuregehalt des Weines verringern: Die Apfelsäure wird in die weniger saure Milchsäure umgewandelt.

16. Vorgang, bei dem der Most vor dem Einleiten der Gärung von verschiedenen suspendierten Verunreinigungen befreit wird.

17. Beim Abstich wird der klare Wein vom Geläger getrennt, das sich am Boden der Fässer oder Tanks ablagert.

18. Ein Tonpulver (hydratisiertes Aluminiumsilikat, hauptsächlich aus Montmorillonit)

19. Mit pH-Wert bezeichnet man das Potenzial an Wasserstoffionen, das den Säuregehalt unter Berücksichtigung der Stärke der (starken und schwachen) Säuren zum Ausdruck bringt.

20. Der oxidative Bruch entsteht durch Laccase, ein in den von *Botrytis cinerea* befallenen Trauben reichlich vorhandenes oxidierendes Enzym.

21. Aufbrechen der Triebe der Reben

22. Unerwünschte Hefen, die für charakteristische Fehlaromen verantwortlich sind.

23. Zu Brettern geschnittenes Eichenholz für die Fassbauerei

24. Geruchsmoleküle, die von den *Brettanomyces*-Hefen produziert werden, die je nach Gehalt einen Geruch nach Leder oder Pferdeschweiß abgeben.

25. Gemäß Vorschriften geforderter Säuregehalt.

26. Bei einem mit einem Gravitationssystem ausgestatteten Weinkeller können Pumpen und Schläuche zugunsten kleiner mobiler Tanks entfernt und so das Qualitäts- und Aromapotenzial der Traube bestmöglich ausgeschöpft werden.

27. Damit wird die Anzahl an Rebstöcken pro Hektar bezeichnet: Je mehr Rebstöcke es gibt, umso mehr verringert man die Produktion pro Rebstock und erhöht die Qualität.

28. weniger als 1,50 m

29. Während der Gärung wird der Most, der Saft am Boden des Tanks, regelmäßig nach oben gesaugt, um die Trauben oben im Fass, den Tresterhut, zu übergießen.

30. Schwarzfäule ist eine Pilzkrankheit der Pflanzen und der Rebstöcke. Sie entsteht durch den Pilz *Guignardia bidwellii*, stammt ursprünglich aus Nordamerika und tauchte Mitte des 19. Jahrhunderts in Europa und gegen 1855 in Frankreich auf. (Quelle: Wikipedia)

31. Lager

32. Reifestadium der Traube, bei dem die Beeren ihre Farbe ändern: rot-violett bei den roten Trauben, durchsichtig bei hellen Trauben.

33. Seitdem wurde wissenschaftlich nachgewiesen, dass die Blütenknospen des Folgejahres vor der Blüte des Vorjahres gebildet werden.

34. *Le Guide des vins de Bordeaux* (*Der Weinguide Bordeaux*), Grasset, Paris, 2011

35. Leiter des Weinkonsortiums Bordeaux und La Gironde (CVBG)

36. Die alte Eiche ist ein Nährboden für alle möglichen Keime.

37. so breit wie hoch

38. Die Früchte werden in kleinen Plastikkisten transportiert, um sie so wenig wie möglich zu beschädigen. Vorher in den Kiepen wurden sie zerdrückt und gaben daher Saft von mittelmäßiger Qualität.

39. Auch Millerandage: durch das schlechte Wetter an den Blüten des Rebstocks verursachte Schäden.

40. Cahors ist ein schönes historisches Weinanbaugebiet, in dem die Rebsorte Cot (Malbec) angebaut wird.

41. Bei dieser Methode werden die unteren Blätter entfernt, damit die Trauben mehr Licht bekommen.

42. Weinhersteller und Händler von Weinen aus dem Bergerac und Crus aus Bordeaux

43. Zum Beweis die spektakulären Entwicklungen von Fombrauge, Grand Cru aus Saint-Émilion, und von La Tour Carnet, Cru Classé aus dem Médoc.

44. *Das verbotene Valandraud*, *Der Beweis von Carles* und *Die Herausforderung von Fontenil*

45. *Die verrückten Planen*

46. Besitzer aus Burgund

47. Verkostung des gleichen Weins aus verschiedenen Jahrgängen

48. Die Agentur AFP meldete am 5. September 2003 zur Sache Hanna Agostini: „Der amerikanische Kritiker Robert Parker, in der ganzen Welt für seine Weinbenotungen bekannt, machte am Freitag bei der Kriminalpolizei Bordeaux eine Aussage in einem Fall von Urkundenfälschung und Veruntreuung, in dem es um seine ehemalige französische Mitarbeiterin ging, erfuhr man aus einer der Untersuchung nahe stehenden Quelle. Hanna Agostini, die bis vor Kurzem seine mehrjährige Vermittlerin in der Region Bordeaux war, wurde im Januar wegen ‚Fälschung und Benutzung von Fälschungen‘ sowie ‚Untreue‘ im Rahmen von Delikten angeklagt, die von der belgisch-niederländischen Weinbaugruppe Geens, die etwa 20 Châteaus in Bordeaux besitzt, angezeigt wurden. Die ehemalige Anwältin, die mittlerweile als Fachübersetzerin und Weinberaterin tätig ist, wird derzeit verdächtigt, gefälschte Rechnungen mit dem Briefkopf des *Wine Advocate*, der Fachzeitschrift von Robert Parker (40.000 Abonnenten in 38 Ländern), erstellt zu haben. [...] Der amerikanische Kritiker, dessen Ruf durch diese Affäre in den Schmutz gezogen wurde, stand zunächst hinter seiner Mitarbeiterin, hat dann jedoch selbst Klage eingereicht. Madame Agostini, die sich selbst als ‚Mobbingopfer‘ bezeichnet, teilte diese Woche ihren Beschluss mit, die Zusammenarbeit mit ihm zu beenden.“

49. Éditions 12 bis, Paris, 2010

50. Der Titel enthält ein Wortspiel im Französischen: *Die sieben Todsünden* wäre *Les Sept Péchés capitaux*, das letzte Wort *capitaux* (*Tod*-) wurde jedoch durch das nahezu identische *capiteux* mit der Bedeutung *berauschend* oder *betörend* ersetzt.

51. So schrieb Olivier Torrès in *La guerre des vins: l'affaire Mondavi* (*Der Krieg der Weine: Die Mondavi-Affäre*) (Dunod, Paris, 2005): „Über diesen Film wurde schon 2004 bei den Filmfestspielen von Cannes geredet, dann wieder bei seinem Kinostart. Die *Libération* beweihräuchert den Film mit den Worten: ‚Wenn man aus *Mondovino* kommt, dieser sensationellen Untersuchung und Reportage über die Globalisierung der Weinkultur, hat man keine große Lust auf ein Getränk im Bistro an der Ecke, sondern man möchte die nächsten 100 Jahre lieber nur noch stilles Wasser trinken. Neben anderen stillen Abscheulichkeiten deckte Nossiter, ein ebenso guter Sommelier wie Filmemacher, nämlich auf, dass sich die gesamte Weinproduktion der Welt in Richtung der kalifornischen Anbaugebiete des Napa Valley verschoben hat, die es in enger Zusammenarbeit mit berühmten Önologen und ‚objektiven‘ Kritikern geschafft haben, den unvergleichlichen Geschmack des Pomerol aus dem Bordeaux durchzusetzen.'"

52. „Er spricht so ansteckend von den Eltern, der Weitergabe und dem Gedächtnis der Weine, das dem der Menschen so nah ist." Artikel von Vincent Remy, *Télérama*, April 2007.

53. Die gehässigen Kommentare im Internet haben damals stark zugenommen: „Michel Rollands Selbstgefälligkeit, Arroganz und Verachtung für die anderen sind nicht auszuhalten. Zum Kotzen. Ich werde nie wieder einen von ihm betreuten Wein kaufen." Philippe Barret, 7. November 2004, im Forum lapassionduvin.com

54. „Wenn es die Presse nicht gäbe, müsste man sie nicht erfinden." Das gesamte Werk Balzacs, des Feuilletonisten, enthält Kritiken an den giftigen und bestechlichen Journalisten, deren Macht nicht im Verhältnis zu ihrer Begabung steht. Vernou wird als „Händler von Sätzen" beschrieben, Finot trägt den Spitznamen „literarischer Zuhälter". Im Artikel *Splendeurs et misères des journalistes* (*Glanz und Elend der Journalisten*) von Marie-Ève Thérenty, *Le Magazine littéraire* – Balzac, Juni 2011.

55. Wurde seitdem zum wichtigsten französischsprachigen Weinforum: www.lapassionduvin.com.

56. *La guerre des vins: l'affaire Mondavi* (*Der Krieg der Weine: Die Mondavi-Affäre*), Dunod, Paris, 2005

57. *ibid.*

58. mediapart.fr, 27. Juni 2010

59. Grasset, Paris, 2007, später auch auf Englisch erschienen unter dem Titel *Liquid Memory*

60. Grasset, Paris, 2008

61. *Choses vues*, posthum, 1887 und 1890

62. Michel Bettane stellte es fest: „Jonathan Nossiter, der Regisseur von *Mondovino*, ist sicherlich ein hervorragender Filmemacher, empfindsam, gebildet, Meister einer Kunst, bei der Kunstgriffe und Bildmanipulation zur Kreativität gehören und vom Zuschauer als eigentlicher Kern der Kommunikation zwischen den Künstler und ihm selbst akzeptiert werden. Aber Denken und geschriebene Sprache sind eine andere Sache. Bei einem Film erhält man durch saubere Nachbearbeitung einen hochwertigen Schnitt und eine vorgetäuschte Kontinuität in der Erzählung, in einem Buch voller Überlegungen, wie das, das er gerade veröffentlicht hat, baut man, wenn die Voraussetzungen verschwommen, widersprüchlich und noch mehr, wenn sie falsch sind, nur ein Kartenhaus, das beim kleinsten Windhauch einstürzt." Blog APV (Verband der Weinpresse) vom 19. November 2007

63. Auf demselben Blog schrieb Michel Bettane: „Ebenso ist der Begriff des Gebiets (*terroir*) in dem Diskurs der ‚Terroiristen‘ eine dumme geistige Konstruktion: Das Gebiet ist keine naturgegebene Realität, sondern ein vom Menschen erfundenes Konzept, das den Menschen in sich aufnimmt. Ohne den Menschen, der darauf arbeitet und aus den Früchten ein Produkt mit

individuellem Charakter herstellt, ist das *terroir* nur eine ‚Erde‘ (*terre*) und jede Erde gleicht der anderen. Man ist also himmelweit davon entfernt, die Gebiete voneinander unterscheiden zu können, was der grundlegende Lehrsatz der Religion dieser ‚Terroiristen‘ ist."

64. Guillaume Loison in *Chronicart*: „Der Fehler bei der Inszenierung, zunächst sarkastisch gegenüber der Rolle, dann schnell angetan von seiner unrealistischen Reiserei, unterwürfig wie ein kleiner Wauwau, so dass der gesamte Rest verdeckt wird – die Brasilianer und die Armen, alle auf groteske Klischees reduziert, bis ins Innerste instrumentalisiert ..."

65. Von Claude Fischler ausführlich untersucht in *Du Vin*, Odile Jacob, Paris, 1999. Zur Zeit der Giscours-Affäre waren Holznebenprodukte nicht zulässig. Nach einer Versuchsreihe sind sie es heute in der Europäischen Gemeinschaft, weswegen die Trauben im Wein natürlich nicht verschwunden sind. Noch ein total seltsamer Gedanke.

66. „Das Buch *Le Goût et le pouvoir* ist ein bisschen wie *Mondovino*. Eine köstliche menschliche Komödie unserer Zeit." Serge Kaganski, *Les Inrockuptibles*
„Nossiter beginnt den Krieg des Geschmacks. Die das Gebiet und somit die Freiheit bedrohende Gefahr wäre heute, dass ein homogenisierter, universeller Geschmack siegt." Jacques Dupont, *Le Point*
„Jonathan Nossiter, Retter des französischen Weines." Périco Légasse, *Marianne*
„Belebend und köstlich." Marc Lambron, *Paris Match*
„Bilderstürmerisch und fesselnd." Gurvan Le Guellec, *Le Nouvel Observateur*
„Jonathan Nossiter setzt seinen Kampf gegen die ‚Formatierung‘, die Anpassung an den derzeit herrschenden Geschmack fort." Bernard Pivot, *Le Journal du dimanche*
„Ein Buch, das nicht allen gefallen wird. Die Prominenz der Welt der Weine hat diesen scharfen Kritiker der Globalisierung des Siegels und des Jargons entdeckt und zur Reizfigur gemacht." Jean-Luc Douin, *Le Monde des livres*

67. Wie die Präsentation seines Buches *Le Goût et le pouvoir* bezeugt: „Der Kampf für die Individualität des Weines, für das Überleben des individuellen Geschmacks gegen die angleichenden Kräfte, die unpersönliche Macht (vor allem, wenn sie von einer Handvoll Einzelner ausgeübt wird) ist somit ein Kampf – wie der, der sich in der Kinowelt abspielt –, der uns alle betrifft." Jonathan Nossiter

68. *Le Goût du vin*, S. 232, Dunod, Paris, 2006

69. Die *Appellation d'Origine Contrôlée* (AOC, etwa: kontrollierte Herkunftsbezeichnung) ist ein Siegel zur Identifizierung und zum Schutz von Nahrungsmitteln (darunter auch Wein), vor allem hinsichtlich geografischer Herkunft und Einhaltung der Eigenschaften der Gegend. Das Siegel wird bei Einhaltung eines vom INAO, dem französischen Institut für Herkunftsbezeichnungen, bestätigten Lastenheftes verliehen. Bei den Weinen sind im Kontrollsystem Hunderte verschiedene Weinsektoren festgelegt und wird das AOC-Siegel nur den Weingütern verliehen, die innerhalb genau festgelegter Grenzen liegen. Die verschiedenen Trauben, die in einem Bereich angebaut werden dürfen, sind genauso festgelegt wie der maximale Alkoholgehalt jedes Weines und die Maximalproduktion je Hektar.

70. Claude Fischler schrieb so treffend: „Die Medien, das versteht sich, kommen bei den geheimen Abläufen und den geheimnisvollen Techniken des Weines nicht mit [...]. Man muss sehen, wie sich die Verfasser bestimmter Artikel oder Agenturmeldungen in den AOC verfangen, sich in den Unterscheidungen zwischen ‚Appellationen‘ und ‚Einstufungen‘, ‚Weinen‘ und ‚Jahrgängen‘ verheddern." *Du Vin*, Odile Jacob, Paris, 1999

71. *Le Goût du vin*, S. 29, Dunod, Paris, 2006

72. In Anlehnung an das Zitat des englischen Dramatikers John Osborne: „Einen Schriftsteller zu fragen, was er von Kritikern hält, ist wie eine Straßenlaterne zu fragen, was sie von Hunden hält.“

73. Ausdruck der Historikerin Mona Ozouf

74. Er wurde einige Jahre später zu einem großen Berater in den USA.

75. „Der am höchsten begabte Verkoster zieht mehr Informationen aus seinem Gehirn, er vermittelt seine Empfindungen besser und nutzt dabei seinen ganzen Erfahrungsschatz und sein Gedächtnis, um Worte für das zu finden, was er empfindet. Es gibt nur ein Gedächtnis und nur ein Vergnügen. Ihre Schulung ermöglicht eine bessere Verknüpfung der Neuronen im Dienste des Geschmacks“, so Patrick Mac Leod, Präsident des *Institut du Goût* (Geschmacksinstitut), der seit 50 Jahren in der Grundlagenforschung zum Verständnis der Geruchs- und Verkostungsmechanismen arbeitet, in *Le Journal du dimanche*, 4. Dezember 2011.

76. *Napa* bedeutet in der Sprache der Wappo-Indianer, den ersten Bewohnern des Valleys, *Land der Fülle.*

77. über Susana Bombal

78. Im Westen von Argentinien am Fuß der Anden liegt Mendoza in der Region Cuyo. *Cuyo* ist Quechua und bedeutet *Sandboden.*

79. Wildschweinpasteten

80. In Südafrika haben die Hugenotten, von denen einige auch aus der Region Bordeaux stammten, zur Einführung des Weinbaus vor Ort ab dem Ende des 17. Jahrhunderts beigetragen.

81. auf dem Rücken getragene Körbe (*puttonyos* auf Ungarisch) für den Transport der Trauben

82. mit 128 Litern Inhalt

83. Ausdruck von Stéphane Mallarmé: „Die Welt ist geschaffen, um in einem guten Buch zu enden.“

84. Zitat von Henri Mondor